Praktische Abhandlung
über die
Gaserleuchtung;

enthaltend
eine summarische Beschreibung
des
Apparats und der Maschinerie
welche am tauglichsten sind,
Straßen, Manufacturen und Privatgebäude
mit
Kohlen - Wasserstoffgas oder Kohlengas zu erleuchten,
mit Bemerkungen
über die
Nützlichkeit und Sicherheit dieses neuen Zweiges, des bürgerlichen Haushalts und dessen Natur im allgemeinen.

Von
Friederich Accum,
practischem Chemiker in London, Korrespondenten der königl. Academie der Wissenschaften in Berlin und mehrerer gelehrten Gesellschaften Mitglied.

London 1815.

Aus dem Englischen verdeutscht.

Berlin,
in der C. G. Flittnerschen Buchhandlung.

Vorrede des Uebersetzers.

Diese Uebersetzung ist nach der ersten Ausgabe gemacht, obgleich eine zweite Auflage bereits angekündigt ist, und in wenigen Wochen erscheinen wird. Indeß bei einer so gemeinnützigen Angelegenheit ist auch der kleinste Verzug nicht zu entschuldigen, und da der Herr Verfasser dem Uebersetzer persönlich versichert hat, daß die zweite Auflage nur ein wörtlicher Abdruck der ersten mit einigen außerwesentlichen Noten zum Texte sei, und durchaus nichts Neues enthalten würde, so hat er kein Bedenken getragen, diese erste Ausgabe zum Grunde zu legen. Er glaubt nicht genug eilen zu können, seinen deutschen Landsleuten das practische Resultat der englischen Erfahrungen über diesen Gegenstand vorzulegen, da die Gaserleuchtung, auch abgesehen von der minderen Kostbarkeit, die Argandsche Lampenerleuchtung in vieler Hinsicht, selbst in der Intensität des Lichts übertrifft. Wenn etwas das Sonnenlicht ersetzen kann, so ist es das Gaslicht, welches man das reine Elementarfeuer nennen könnte, wie jeder bestätigen wird, der Gelegenheit gehabt hat, die wunderbare Wirkung in London selbst zu sehen.

Ueberdies zeichnet sich dieses Werkchen auch durch eine, unter den heutigen Physikern seltene Einfachheit, Klarheit und Anspruchlosigkeit aus. Wenn auch das höchste einer jeden Wissenschaft himmlischen Ursprungs ist, so hat wenigstens aus dem Standpunkt, auf den wir arme Menschenkinder nun einmahl stehen, betrachtet, derjenige kein geringes Verdienst, der sie vom Himmel herabholt, sollte er auch wie Prometheus einen Diebstahl begehen; und eine Wissenschaft, so lange sie in der Schule bleibt, hilft dem Allgemeinen wenig. Ihre Gemeinnützigkeit hebt erst an, wenn sie aus dem Kreise der Speculation heraus ins Leben tritt, und die tiefsinnigen Systeme unserer modernen Natur-Philosophen bleiben so lange nichts mehr und nichts weniger, als Spielereien, die kaum so viel werth sind, als eine aus einem Apfelkern geschnitzte Maus. Jeder Versuch den geheimnißvollen Schleier der Schöpfung zu lüften, und in der Scheidekunst die einfache und untheilbare Ursubstanz oder Substanzen zu entdecken, von welchen alle übrigen nur Modificationen sind, verdient immer Achtung, wenn er auch nie gelingen, und wir nie dahin kommen sollten, der Gottheit ähnlich, aus dieser Ursubstanz alle vorhandenen, leblosen und lebendigen Substanzen zu schaffen, oder auch beliebig neue zusammen zu setzen, welches doch der Endpunkt aller Speculationen in diesem Felde sein muß; aber — weniger Achtung verdient das Aufbauen phantastischer und verwirrender Systeme.

Der Uebergang einer Wissenschaft aus der Schule ins Leben ist zuweilen sehr langsam, aber endlich erfolgt er doch, und in Ansehung der Gaserleuchtung ist dieses unerwartet schnell geschehen. Die früher erfundenen Montgolfieren, Aerostaten, Flugmaschinen u. s. w. sind in der That noch nichts anders als Spielereien; aber sie werden es nicht bleiben, und vielleicht hat die künftige Generation schon die Freude die Luft zu beschiffen, wie wir den Ocean. Auch die

Gaserleuchtungsversuche, von dem bekanntesten Lebonschen an, bis zu den in allen Hauptstädten des cultivirten Europa allmählig angestellten, waren bis jetzt Spielereien. Den Herren Murdoch, Winsor u. s. w. verdanken wir die Erfindung, sie zum herrlichsten und wohlfeilsten Ersatz des Sonnenlichtes anzuwenden, und Herrn Accum, uns zuerst mit einer vollständigen, durchaus practischen Belehrung darüber versehen zu haben. Der Gegenstand ist wirklich in diesem kleinen Werke in practischer Hinsicht so erschöpft, daß auch das nicht wissenschaftlich gebildete Publicum darin Belehrung finden wird, wenn gleich nicht zu läugnen ist, daß die Anlegung eines Apparats im Großen besonders tüchtige Handwerker erfordert. Der Uebersetzer wenigstens vermißt nur einen Umstand, worüber eine nähere Belehrung wünschenswerth gewesen wäre, nehmlich über die Reinlichkeit und Reinigung der Röhren. Daß auch in dieser Hinsicht die Gaserleuchtung wenigstens vor der Oelbeleuchtung große Vorzüge hat, leidet wohl keinen Zweifel; es frägt sich aber:

1) setzt das Gas in den Brennmündungen und in den kleineren Röhren, welche darin auslaufen, gar keinen Schmutz ab, und ist niemals eine Reinigung nöthig? Wenn sie nöthig ist, so frägt sich wiederum, wie oft, und auf welche Weise? Doch dieses ist noch nicht so wichtig, als

2) dieselbe Frage in Ansehung der großen unter der Erde gelegten Röhren, welche das Gas aus der eigentlichen Distilliranstalt oft auf viele hundert Schritt weit zu den Brennmündungen führen? Sollte, wie es nicht unwahrscheinlich ist, eine Reinigung dieser Röhre von Zeit zu Zeit nöthig sein, und sie nicht etwa dadurch hinreichend bewirkt werden können, daß man Wasser durchlaufen läßt, so wird sie immer ihre Schwierigkeiten haben, wenn auch die Röhrengänge so weit gemacht werden, daß man darin

gehen, und von allen Seiten zu den Röhren kommen kann

Wahrscheinlich hat der Herr Verfasser über diesen wichtigen Gegenstand noch nichts gesagt, und sich blos auf die Reinigung des eigentlichen Apparats beschränkt, weil die Erfahrungen noch zu neu sind, und bis jetzt noch keine Reinigung nöthig gewesen ist. Bei einer neuen Auflage haben wir aber gewiß etwas darüber zu erwarten.

Sollte diese Uebersetzung dazu beitragen, auch unsere Hauptstadt Berlin der Wohlthat einer solchen Erleuchtung theilhaftig zu machen, und so ihre Allgemeinheit vorzubereiten, so würden zuvor Versuche, und zwar im Großen, angestellt werden müssen, um die Frage zu entscheiden: ob es auch bei uns vortheilhafter sein würde, das Gas aus Steinkohlen zu bereiten, oder ob Holz oder Holzkohlen, Nadelholz oder Laubholz u. s. w., den Vorzug verdient? Wenn das Holzgas in derselben oder auf eine andre Art gereinigt, und in derselben Menge und Qualität gewonnen werden kann, so würde es vielleicht den Vorzug verdienen, da aus dem Holze noch ein nutzbares Product mehr: der Holzessig erhalten wird, welchen die Steinkohlen nicht geben. Indeß wird der Ausfall dieser Untersuchung in verschiedenen Gegenden verschieden sein, je nachdem das Holz oder die Steinkohlen wohlfeiler sind, und muß das Resultat der auf jeden Fall zuvor nöthigen Versuche abgewartet werden.

Uebrigens läßt sich nicht leugnen, daß die von Herrn Accum beschriebene Maschinerie zur Reinigung und Sammlung des Gases, zusammengesetzt und kostbar ist. Wenn es unseren hiesigen Chemikern gelänge, ein einfacheres Verfahren zur Erreichung des Zweckes anzugeben, würden sie sich kein geringes Verdienst erwerben. Etwas einfacheres als die Licht- und gewöhnliche Lampen-Erleuchtung giebt es schwerlich, wenn es nur möglich wäre, der Flamme dieselbe Intensität, Rauch- und Geruchlosigkeit und Wohlfeilheit zu geben, worin die Vorzüge der Gasflamme bestehen. Wenn man eine Lampe, wo man nichts nöthig hat, als ein wenig Oel aufzugießen, und den Docht zu ajustiren, oder ein Talglicht wo auch dieses nicht nöthig ist, mit dem schwerfälligen Gaserzeugungs- und Reinigungs-Apparat vergleicht, so wundert man sich, daß eine und eben dieselbe Operation, wie Herr Accum sehr richtig bemerkt, auf so sehr verschiedene Weise bewirkt werden, und noch mehr, wie man den weit zusammengesetzteren den Vorzug geben kann. Unwillkührlich fällt einem das Drama ein: Viel Lärmen um nichts, und der erste Gedanke ist: ob denn nicht durch bessere Reinigung des Talges und Oels, durch Zusätze oder Substituirung anderer Materien auf eine weit einfachere Weise eine eben so intensive &c. Erleuchtung erreicht werden könnte.

Ohne künftigen Versuchen und Erfindungen vorgreifen, und die Möglichkeit gradezu leugnen zu wollen, könnte man doch fast behaupten, daß kein sicht- und tastbarer Körper fähig ist, eine so reine und glänzende Flamme zu geben, sondern dazu durchaus ein unsichtbarer, gleichsam körperloser Stoff, wie das Gas nöthig ist, und auch dieser in der höchsten Reinheit; so wie dann die Urstoffe aller Körper gewiß aus gasähnlichen, unsichtbaren und inpalpablen Elementen bestehen. Jeder gröbere körperliche Zusatz muß der Helligkeit und Reinheit der Flamme nachtheilig sein, daher es nicht scheint, daß die Bemühungen zu diesem Zweck auf Substituirung anderer Stoffe für Talg und Oel, sondern vorzüglich auf Entdeckung eben so wohlfeiler Substanzen zur Erzeugung eines ursprünglich reineren Gases, um wenigstens die Kalkbehälter entbehrlich zu machen, oder auf einfachere Gasreinigungsmethoden gerichtet sein müßten.

Dem Uebersetzer schwebt eine Einrichtung vor, in jeder

bürgerlichen Haushaltung das nöthige Licht und Wärme von einem einzigen Heerd oder Feuerstelle ausgehen zu lassen, welche hoffentlich nicht immer Ideal bleiben wird. Denn wir werden gewiß dahin kommen, daß ein einziger Heerd unsre Speisen bereitet, unsre Zimmer durch von demselben auslaufenden Gasröhren erleuchtet, und sie entweder vermittelst besonderer Röhren durch Dämpfe im Winter erwärmt, oder auch nach Herrn Accums Vorschlage, vermittelst derselben Röhren, durch große, in der Mitte des Zimmers hängende kreisförmige Gasleuchter Licht und Wärme zugleich hervorbringt.

Auch wird man aus der Accumschen Abhandlung ersehen, daß die Gaserleuchtung in ihrem jetzigen Zustande von einzelnen Privatfamilien noch nicht mit Vortheil gebraucht werden kann. Die Vorrichtung ist nicht nur zu kostbar, sondern da der Hauptvortheil gegen andre Erleuchtungsarten in dem Werth der Producte besteht, welche noch außer dem Gase erzeugt werden, so erfordert die Sammlung derselben wieder um besondere Vorrichtungen und Anstalten, und Sorge für Absatz u. s. w., welche nicht jedermanns Sache sind. In London hat vielleicht jetzt kein Privatmann mehr einen eignen Gasapparat, sondern wer Gaserleuchtung wünscht, wendet sich an die patentirte Gaserleuchtungscompagnie, bestellt die nöthige Anzahl der Lampen die täglich brennen sollen, und überläßt alles übrige dieser Compagnie, ohne sich, außer der Bezahlung seines monatlichen Beitrages, worüber man sich einigen muß, weiter um etwas zu kümmern. Selbst Herr Ackermann hat vor kurzem die Erleuchtung seiner Kunst- und Buchhandlung und Druckerei durch einen eigenen Apparat aufgegeben, und dieser Compagnie die Besorgung überlassen.

Jetzt wird sich der Uebersetzer nur noch einige Bemerkungen erlauben, über die Art und Weise, wie in Berlin eine Gaserleuchtung einzuführen sein dürfte.

Am einfachsten wäre es, wenn sich ohne weitere Einwirkung des Gouvernements Privatunternehmer dazu fänden, welche gewiß ihren Vortheil mit dem Vortheil des Publicums vereinigen würden. Indeß steht dieses bei der jetzigen Lage der Dinge zu bezweifeln. Die Nation ist noch nicht so selbstständig, als daß dergleichen weit aussehende Unternehmungen, von Privatpersonen zu erwarten wären, und selbst in England, wo die ausgedehntesten Privatunternehmungen pro bono publico an der Tagesordnung sind, hat die Regierung wenigstens durch Octroirung einer privilegirten Gaserleuchtungs-Compagnie für London vorläufig zuzutreten für gut gefunden.

Ich glaube daher daß auch in Preußen die Regierung, obgleich sie jederzeit theurer administrirt, und ihre Unternehmung immer für die öffentlichen Fonds und den Privatmann kostspieliger sind, wenigstens den ersten Impuls geben müßte, wenn die Sache Fortgang haben soll. Man müßte also die Stadt in bestimmte Erleuchtungs-Districte für eine bestimmte Anzahl Apparate eintheilen. In wie fern die jetzigen 104 Stadtviertel dazu geeignet sind, und für jeden ein Apparat ausreichen würde, kann erst nach Beendigung der erwähnten vorläufigen Versuche beurtheilt werden. Dann wähle die Regierung einen dieser Districte, gleichsam als Probedistrict, und lasse die Straßenerleuchtung auf ihre Kosten einrichten, und die Bewohner desselben sich erklären, ob und wieviel Gaslampen ein jeder zum häuslichen Gebrauch verlangt, und zwar für einen Beitrag, der anfangs nur ohngefähr angegeben werden kann, aber in der Folge gewiß sich vermindern würde. Sobald in einem solchen District die Erleuchtung mit Vortheil eingeführt ist, werden sich bald Privatunternehmer und Gesellschaften, und dadurch Concurrenz genug finden, und durch längere Erfahrung und zunehmende Geschicklichkeit, die Beiträge sehr heruntergehen, so daß alsdann die Regierung sich lediglich auf die polizeiliche Aufsicht beschränken könnte. Während dieser Zeit könnte man sich auch von London aus, nähere Details über die ganze Einrichtung der Gaserleuchtungs-Compagnie, und ihre Operationen verschaffen, und die dabei gemachten Erfahrungen, mit Rücksicht auf die Verschiedenheit der Localität, der Regierungsform, der Sitten ꝛc. gehörig benutzen.

Nachtrag zur Vorrede des Uebersetzers.

Während des Abdrucks dieser Uebersetzung erzählen einige deutsche Zeitungen, die englische Regierung habe die Verlegung der großen, zur Erleuchtung der Hauptstadt angelegten Gasapparate außerhalb London befohlen, weil sie der Gesundheit nachtheilig befunden wären. Dieser Umstand würde dem Inhalte dieses Werkes und den Seite 71 aufgenommenen Zeugnissen widersprechen. Indeß muß sich der Uebersetzer jeder Bemerkung darüber enthalten, da ihm bis jetzt noch kein englisches Blatt zu Gesicht gekommen ist, aus welchem die Authenticität der Thatsache hervorginge, und worin die näheren Umstände und Veranlassungen entwickelt wurden. Hoffentlich wird H. P. Accum selbst näheren Aufschluß darüber geben.

Vorrede des Verfassers.

Ex fumo dare lucem.

Horat.

Die folgenden Zeilen haben den Zweck, eine kurze Uebersicht der noch neuen Kunst zu geben, durch gekohltes Wasserstoffgas aus Steinkohlen Licht hervorzubringen, und zu zeigen, wie diese Gaserleuchtung als Ersatz der Lampen und Lichte mit einem beispiellosen Erfolge angewendet wird. Zu diesem Zweck habe ich in dem ersten Abschnitt dieses Versuchs eine bündige und faßliche Uebersicht der chemischen Theorie des künstlichen Lichts gegeben. Ich habe die Wirkung der Lichter und Lampen erklärt. Ich habe die Methoden gezeigt, die erhellende Kraft der verschiedenen Arten der künstlichen Erleuchtung zu messen und zu vergleichen, und ihren öconomischen Werth zu würdigen. — Ich habe die quantitativen Verhältnisse angegeben, in welchen verschiedene Brennstoffe fähig sind, eine Erleuchtung von bestimmter Stärke hervorzubringen. — Ich habe endlich vorläufige Versuche beschrieben, und solche Bemerkungen beigefügt, welche mir nöthig schienen, den Leser in den Stand zu setzen, das Wesen der neuen Erleuchtungsart völlig zu verstehen, welche der eigentliche Gegenstand meiner Abhandlung ist.

Dieser Art von Einleitung folgt eine chemische Darstellung der allgemeinen Natur und Beschaffenheit der Kohle — der chemischen Veränderungen, welche diese Substanz bei ihrer Anwendung zur Gaserleuchtung erleidet — der verschiedenen Producte, welche sie liefert — der Arten, wie diese Producte erhalten werden — und endlich ihrer Eigenschaften und ihrer Anwendung im gemeinen Leben.

Ich habe ferner den Apparat und Maschinerie zur Zubereitung des Kohlengases beschrieben, und die Methoden es zu leiten, und als Ersatz für Licht- und Lampenerleuchtung bei Gebäuden, Manufacturen und Straßen anzuwenden. Ich habe die data geliefert, um die Kosten dieser Erleuchtungsart unter verschiedenen Umständen zu berechnen, und sie mit den Kosten der jetzt gewöhnlichen Erleuchtnngsarten zu vergleichen; und andre practische Bemerkungen und Thatsachen beigefügt, welche den Leser in den Stand setzen, die Gaserleuchtung selbst zu würdigen und practisch anzuwenden.

Ich habe die Gegenstände des öffentlichen und Privatnutzens ausgehoben, auf welche diese neue Erleuchtungsart mit Vortheil angewendet werden kann, ohne diejenigen zu verschweigen, bei welchen sie nicht mit Vortheil anzuwenden sein dürfte.

Ich habe die einleuchtenden Vortheile zu entwickeln gesucht, welche diese neue Erfindung ohnfehlbar für die Künste und die häusliche Oeconomie gewähren muß — ihre ursprünglichen Vortheile — ihre Folgen — ihre Grenzen *) und die neuen Hülfsquellen, welche sie der Industrie und dem Staatshaushalt darbietet. Ich habe zu zeigen versucht, in wie weit ihre Anwendung unschädlich und gefahrlos ist, und in welchen Hinsichten sie auf öffentliche Billigung und National-Unterstützung Anspruch hat.

Endlich wird es nicht überflüssig sein, dem Leser bemerklich zu machen, daß ich vermöge einer vieljährigen Erfahrung dieser Unternehmung gewachsen zu sein glaube, und ich seit langer Zeit die beste Gelegenheit gehabt habe, ein werkthätiger Zeuge der ausgedehntesten Reihe von Versuchen zu sein, welche jemals gemacht sind, um die Anwendbarkeit, Gefahrlosigkeit und allgemeine Natur der Gaserleuchtung als Ersatz der Licht- und Lampenerleuchtung zu prüfen; nehmlich derjenigen Versuche, welche der hiesigen practischen Anwendung vorausgegangen sind. Diese zahlreichen Versuche im Großen, welche ich nach dem Wunsche der hiesigen Gaserleuchtungs-Gesellschaft angestellt habe, um sich bei dem Unter- und Oberhause darauf zu berufen, haben mich in den Stand gesetzt, in diesen Gegenstand tiefer einzudringen, als es jeden andren, den weniger Mittel zu Gebote standen, möglich gewesen sein kann.

Das Wesentliche der Resultate (welche auf Befehl der Regierung gedruckt sind) ist in dieser Abhandlung aufgenommen, so wie alle andre facta und Bemerkungen, welche sich mir beim Fortschreiten in der practischen Ausübung dieser Kunst dargeboten haben.

---

*) Ist dieses jetzt schon möglich?

A. d. U.

Die Resultate meiner Beobachtungen unter einem allgemeinen Gesichtspunkt zu fassen, und sie dem Publicum practisch nützlich zu machen, ist der Zweck der gegenwärtigen Schrift, und ich darf wohl kaum hinzufügen, daß der Beifall desselben, welchen es mir wenigstens in Ansehung des Eifers und der Thätigkeit für meinen Gegenstand nicht versagen kann, mir unendlich schmeichelhaft sein wird.

Inhalt.

Druckfehler.

Ueberall wo Coake gedruckt ist, muß Coke gelesen werden.

Practische Abhandlung

über

das Gaslicht.

Einleitung.

Einfluß des Fortschritts der Künste auf die Sittlichkeit und den Zustand des Menschengeschlechts.

Es ist zweifellos, daß das allmälige Fortschreiten der Menschheit von der Unwissenheit und Barbarey, zur höchsten Cultur und Verfeinerung, gewönlich durch Erfindungen bewirket wird, welche dahin abzwecken, nicht blos das Nothwendige, sondern auch Bequemlichkeiten und feinere Lebensgenüsse hervorzubringen; und daß die Stufe der Civilisation eines Volkes, nach dem Verhältnisse seiner Industrie und der Masse nützlicher Thätigkeit, geschätzt wird und geschätzt werden muß. Es bedarf keines weiteren Beweises dieser großen und einleuchtenden Warheit, als der Erfahrung aller Länder und Zeiten. Die verschiedenen Völker der Erde, die Provinzen eines und desselben Reiches, die Städte ja selbst die Dörfer derselben Provinz sind in Ansehung ihrer Lebensart und Genüsse verschieden; und diejenigen sind in jeder Hinsicht blühender, deren Betriebsamkeit in Anwendung nützlicher Arbeiten zur Erzeugung der Bedürfnisse und Bequemlichkeiten des Lebens die größere ist. Daher waren die Völker, welche sich in dieser Hinsicht durch die höchste Erfindsamkeit auszeichneten, nicht nur die reichsten, sondern auch die zahlreichsten und mächtigsten; und gleichmäßig waren einzelne Provinzen solcher Nationen, nach dem Grade dieser ihrer Industrie, mehr oder minder blühend. Ein Satz den Adam Smith (über den Nationalreichthum Th. 1.) in seiner kraftvollen Sprache folgendergestalt ausdrückt: „Die Bedürfnisse eines europäischen Für„sten übersteigen die Bedürfnisse eines fleissigen und wirth„lichen Bauern nicht immer in dem Maaße, als die Be„dürfnisse und Bequemlichkeiten des letzteren die manches „afrikanischen Königes, der unumschränkt über das Leben „und die Freiheit zehntausend nackter Wilden gebietet."

Rousseaus Behauptung: das Menschengeschlecht sei glücklicher im Zustande roher Thierheit, als im Zustande der Verfeinerung und Civilisation, und die Cultur des Verstandes sei die Ursache seiner Entartung, ist gewiß sonderbar genug. Es kann keine Tugend geben, als eine solche, die auf eine umfassende Schätzung der Wirkungen menschlicher Handlungen gegründet ist, denn ein Thier blos vom Instinct geleitet, ist einer solchen Schätzung nicht fähig.

Die Verschiedenheit der Natur- und Kunstproducte und der Bedürfnisse, hat Anlaß zum wechselseitigen Austausch gegeben. Wechselseitige Ergänzung dieser Bedürfnisse, hat die Theilung der Arbeit vermehrt und die Communicationsmittel verbessert. Ströme und Landstraßen, Wasser- und Landfahrzeuge haben ihre wohlthätige Gemeinschaft ausgedehnter und inniger gemacht. Wechselseitiges Zutrauen zwischen Mann und Mann hat die sittliche Grundlage des geselligen Vereins gekräftiget, und sie zu einer Höhe gesteigert, deren Fortschritte, in Ansehung der Vergangenheit, man allenfalls geschichtlich darstellen könnte; von deren künftigen Fortschreiten aber die Phantasie mit Wahrscheinlichkeit kaum einen schwachen Umriß zu zeichnen vermag. Denn mit der Zunahme der moralischen und physischen Einsichten der Menschen, werden neue Hülfsquellen und Kräfte seinem Willen unterthänig gemacht, welche, in einem roheren Zustande der Gesellschaft, als Träume einer ungeregelten Einbildungskraft verlacht worden wären.

Wer unter unseren Altvordern würde an die außerordentliche Erfindung geglaubt haben, Schriften mit einer Schnelligkeit zu vervielfältigen, welche einen Menschen in den Stand setzt, die Arbeit von zwanzig tausend Abschreibern zu verrichten? Welcher Philosoph würde den Plan das unermeßliche Weltmeer zu beschiffen, oder die erstaunliche Wirkung des Schießpulvers, und die ausgedehnte Anwendung der Dampfmaschine für möglich erachtet haben? Welcher Sterbliche würde es gewagt haben in den Grund des Meeres hinabzusteigen — oder sich hoch in bie Lüfte aufzuschwingen — oder dem Donner des Himmels Troß zu bieten? Diese und ähnliche Erfindungen haben den Zustand aller menschlichen Verhältnisse geändert, und ihre Folgen haben die intellectuellen Kräfte des menschlichen Geistes bereits zu einer Höhe erhoben, welche durch keine andre Mittel erreicht werden konnte. Jene Menschen eines früheren Zeitalters mögen, im Vertrauen auf ihre eigne Weisheit, solche Erfindungen als ohnmöglich verlacht, oder als Träumereien verworfen haben; aber für unsre Zeitgenossen, welche die Früchte solcher und vieler andrer nützlicher Erfindungen genießen, wird es Pflicht, nach anderen Principien zu philosophiren, und nach ihren Kräften zum Fortschreiten nützlicher Kenntnisse beizutragen.

Der künstliche Ersatz des Lichts wenn die Sonne unter dem Horizont ist, behauptet ohne Zweifel einen ausgezeichneten Rang unter den wichtigsten Künsten des civilisirten Lebens.

Wir wollen einmal auf einen Augenblick annehmen, daß wir kein Mittel hätten, künstliches Licht hervorzubringen, was würde daraus folgen, als daß der größte Theil des Erdbodens aufhören würde, eine Wohnung für Menschen zu sein? Sie würden weder im Stande sein die Thiere zu fangen, welche sie doch nur roh verzehren könnten, noch die Früchte der Erde zum Wintervorrath aufzusammeln ꝛc.

Die physischen und moralischen Folgen eines so elenden Zustandes lassen sich kaum ahnden; aber seine Furchtbarkeit übersteigt alle Berechnung. Denn wie unberechenbar groß ist nicht der Einfluß des künstlichen Lichts auf alle Annehmlichkeiten unseres Lebens, und auf die Entwickelung aller unsrer Kräfte! Die Flamme eines einzigen Lichts belebt eine ganze Familie; jeder setzt seine Geschäfte fort, und niemand fürchtet die Dunkelheit der Nacht. Eine Untersuchung, wie weit die Sittlichkeit der Menschen durch den Mangel dieser Erfindung sinken würde, dürfte interessante Resultate ergeben. Aber zum vorliegenden Zweck ist es hinreichend, vor der Abhandlung über die neue Erleuchtungs-Kunst, ihre Wichtigkeit durch einige leichte Winke anzudeuten. Die Arten, während der Entfernung der Sonne Licht zu erzeugen und zu verbreiten, haben noch immer nicht die höchste Stufe der Vollkommenheit erreicht. Es ist hier noch ein weites Feld zu Verbesserungen in der Construction der Erleuchtungswerkzeuge offen, und dieser Gegenstand verdient gewiß die höchste Aufmerksamkeit jedes gebildeten Mannes.

Der Plan: Gebäude, Manufacturen und Straßen durch brennbares Gas zu erleuchten, welches durch die Destillation der gemeinen Steinkohlen erhalten wird, erweitert ohnfehlbar den Nationalreichthum, durch Vermehrung seiner innern Hülfsquellen; und in dieser Hinsicht hat derselbe wenigstens auf eine unpartheiische Prüfung Anspruch.

Die offenbare Geringschätzung, mit welcher dieser neue Zweig des bürgerlichen Haushalts von einigen Individuen behandelt ist, welche unfähig sind, über seine Natur zu urtheilen, hat beigetragen, auch solche Personen, welche für gemeinnützige Unternehmungen empfänglich sind, abzuhalten, ihm einen günstigen Erfolg zu wünschen. Es ist um so nöthiger dieser Thatsache zu erwähnen, weil, wenn unrichtige Begriffe über ein neues Project einmahl verbreitet sind, auch die verständigsten Personen von einer vorurtheilsvollen Ansicht nicht frei bleiben. Ich bin weder Theilhaber noch Director irgend einer Gaserleuchtungsgesellschaft, und weder unmittelbar noch mittelbar dabei interessirt. Der einfache Zweck der folgenden Zeilen ist bloß die Kunst der Gaserleuchtung gegen unrichtige Begriffe und Darstellungen zu sichern, und durch eine offene nicht übertriebene Darlegung ihrer Vortheile und Nachtheile gegen die Angriffe des Vorurtheils und der Unwissenheit an das gesunde Urtheil des Publikums zu appelliren.

Erster Abschnitt.

Erstes Kapitel.

Ueber die Erzeugung des künstlichen Lichts und die Theorie der Lichter und Lampen.

Die Flamme brennender Körper besteht aus einem entzündbaren Stoffe im Acte der Verbrennung, welcher fähig ist, in Gas dargestellt zu werden. Wenn alle Umstände der vollständigen Verbrennung günstig sind, dann ist die Flamme vollkommen. Ist dieses nicht der Fall, so entweicht ein Theil des brennbaren Stoffes, welcher fähig ist in Gas verwandelt zu werden, unentzündet durch die leuchtende Flamme, und stellt die Erscheinung des Rauches dar. Der Ruß ist daher jederzeit das Kennzeichen einer unvollständigen Verbrennung. Es können also nur solche entzündbare Substanzen mit einer Flamme brennen, welche sich entweder gänzlich verflüchtigen, wenn man sie der Hitze in einem Grade aussetzt, der nicht fähig ist ihre chemische Beschaffenheit zu ändern; — oder welche einen Antheil von Brennstoff enthalten, der durch Hitze leicht in Dampf verflüchtiget wird, oder mit anderen Worten: welche die Elemente enthalten, die zur Erzeugung eines solchen Dampfes oder gasartigen Produkts nothwendig sind, wenn die chemische Beschaffenheit des Körpers durch einen höheren Grad der Hitze geändert ist. Daher ist die Flamme eines Körpers nichts anders als dessen brennbarer Bestandtheil entweder in Dampf- oder elastischer Gasgestalt. So entsteht die Flamme des Holzes und der Kohle, wenn sie in ihrem rohen Zustande verbrannt werden. Sie enthalten die Elemente einer gewissen Menge von Brennstoff, welcher fähig ist, durch Erhitzung die Gasgestalt, mithin eine neue chemische Zusammensetzung ihrer Bestandtheile, anzunehmen.

Da das künstliche Licht der Lichter und Lampen durch die Flamme welche sie geben, hervorgebracht wird, so scheint eine Untersuchung über die Art und Weise, die leuchtendste Flamme mit der geringst möglichsten Verzehrung brennbarer Körper hervorzubringen, für das gemeine Wesen von großer Wichtigkeit zu sein. Die Behauptung: daß das ausströmende Licht alsdann das stärkste sein muß, wenn der brennende Körper in der möglichst kürzesten Zeit vollständig verzehrt wird, ist ohne Zweifel richtig. Daher ist es nöthig, daß der Strom des verflüchtigten brennbaren Gases mit einer gewissen bestimmten Geschwindigkeit in die Atmosphäre übergehe. Steht dieser Strom nicht in dem richtigen Verhältniß d. h. ist er zu stark, so wird das Innere des Körpers, aus Mangel an Berührung mit der Luft, nicht vollständig verbrennen. Ist die Temperatur des Körpers unter der Glühhitze, so wird er in vielen Fällen gar nicht brennen, wenn er der freien Luft ausgesetzt wird. Es giebt daher eine gewisse Geschwindigkeit, welche die Menge der atmosphärischen Luft, die mit dem Dampfe in Berührung kömmt, weder überschreiten, noch dahinter zurückbleiben darf; denn zu viel Luft wird die Temperatur des ausströmenden Brennstoffes für die verlangte Wirkung zu sehr vermindern; zu wenig wird die Verbrennung matt machen.

Das Mundloch des Rauchfanges eines Ofens, giebt uns das Beispiel einer zu breiten Flamme, welche blos an der Oberfläche oder nach den Umständen auf 1 bis 2 Zoll Tiefe leuchtet, deren Kern aber, wenn gleich heiß, doch nicht ein Stück Papier zu entzünden vermag, wenn es durch eine eiserne Röhre hineingesteckt wird. Derselbe Mangel des Zutritts der Luft, welcher solchergestalt die Entzündung des Papiers verhindert, bewirkt auch, daß das Fluidum selbst in seinem Inneren nicht brennt. Bei der argandschen Lampe sehen wir den Vortheil eines inneren Luftstroms, und durch den Zugang der Luft zu beiden Seiten einer dünnen Flamme, wird hier die Verbrennung vollständig. So ist auch eine kleine Flamme jederzeit weißer und verhältnißmäßig glänzender als eine große; ein kurzgeschnupftes Licht verliert weniger brennbare Theile in Verhältniß zu der solches umgebenden Luft, und die Intensität seines Leuchtens ist acht- bis zehnmal größer als bei einem Licht mit einer langen Schnupfe.

Das Licht des mit einer Flamme brennenden Körpers existirt vorher, entweder mit diesem Körper verbunden, oder in Verbindung mit der Substanz, welche der Verbrennung Nahrung giebt. Wir wissen daß das Licht mit einigen

Körpern als Bestandtheil verbunden ist, weil es wenn diese Körper neue Verbindungen eingehen, sich von ihnen trennt; aber es ist uns bis jetzt noch nicht möglich gewesen , das Licht als abgesonderten Bestandtheil darzustellen.

Daß in vielen Fällen das durch Kunst entwickelte Licht von dem brennenden Körper selbst ausströmt, wird einleuchtend, wenn wir wahrnehmen, daß die Farbe des während des Verbrennungsprocesses ausströmenden Lichtes sich ändert, und daß diese Veränderung gewöhnlich nicht von dem Medium abhängt, welches den Prozeß der Verbrennung unterhält, sondern von dem brennenden Körper selbst. Daher kann die Flamme verschiedener brennbarer Körper, selbst von der reinsten Art, durch Beimischung gewisser Substanzen gefärbt werden.

Die Flamme eines gewönlichen Lichts ist nichts weniger als gleichförmig gefärbt. Der untere Theil ist jederzeit blau, und wenn man die Flamme so sehr verlängert, daß sie eben anfangen will zu rauchen, so wird die Spitze roth oder braun.

Die Farben der Flamme gewöhnlicher Feuerungsstoffe, als Holz, Kohle ꝛc. zeigen sich selten anders als glänzend gelb, mit einer leichten Schattirung von roth oder Purpur; und scheinen besonders von der geringeren oder stärkeren Beimischung wässrigen Dampfes, dichten Rauches, kurz anderer unverbrennlicher Stoffe herzurühren, welche unentzündet durch die leuchtende Flamme gehn.

Weingeist brennt mit einer bläulichen Flamme. Schwefel fast eben so. Zink mit einem weißlich grünen Lichte. Die Flamme der mehrsten Kupferpräparate oder der damit gemischten Substanzen, ist lebhaft grün. Brennender Weingeist mit gemeinem Kochsalz gemischt, bringt eine sehr ungefällige Wirkung hervor, wie man sich leicht durch den Anblick der von einer solchen Flamme beleuchteten Zuschauer überzeugen kann. Wenn man einen Löffel voll Weinessig mit etwas Boraxsäure oder Salpetersaurem-Kupfer in einer Schale vermischt, so wird er mit einer schönen grünen Flamme brennen. Dagegen brennt Weingeist mit salpetersaurem Strontian carminroth; und salzsaurer Kalk färbt dessen Flamme orangenfarben.

Bevor wir nun die Natur des Gaslichts im allgemeinen betrachten, wird es nöthig sein, einen kurzen Abriß der Theorie und Wirkung der Werkzeuge zu geben, deren man sich zur Hervorbringung des Lichtes bedient, und einige andre Thatsachen zu erläutern, welche mit der künstlichen Erzeugung und Vertheilung des Lichtes im Zusammenhange stehen. Auf solche Weise werden wir zum Verständniß der allgemeinen Natur des neuen Erleuchtungssystems geführt werden, dessen Erklärung der Vorwurf dieser Schrift ist.

Um Licht zum Gebrauch des gewöhnlichen Lebens hervorzubringen, kennen wir kein bequemeres Mittel als den Prozeß der Verbrennung.

Die einfache Erleuchtungsmethode besteht, wie bekannt genug ist, darin, daß man Massen von irgend einem Feurungs-Material allmählig in einem festen Zustande verbrennt. Im Innern der Wohnungen und in einigen Leuchtthürmen, erreichen gewönliche Feuer diesen Zweck. In einigen Gegenden bedient man sich entzündeter Späne von harzigem Holze, oder des erdharzigen Fossils Cannel-Kohle *) genannt, zu demselben Zweck; aber die allgemeinste und nützlichste Vorrichtung besteht darin, daß Fett oder Oehl aus dem Thier- oder Pflanzenreiche mittelst eines Dachts verbrannt wird; worunter also Lampen und Lichter begriffen sind.

---

*) Ist eine feinere Steinkohle als die gewöhnliche, sie macht den Uebergang zum Gagath aus.

A. d. U.

Zum Gebrauch in der Lampe ist eine brennbare Substanz erforderlich, welche bei der gewönlichen Temperatur der Athmosphäre flüssig ist; zum Lichte dagegen ein Material, welches nur in einer sehr erhöheten Temperatur flüssig wird.

Alle diese Substanzen müssen flüchtig gemacht werden, bevor sie eine Flamme hervorbringen können; inzwischen ist es zureichend, wenn nur geringe Quantitäten derselben allmälig verflüchtiget werden. Denn diese kleinen Quantitäten sind zu einer nützlichen Erleuchtung hinreichend, und hierin verdient die einfache und doch so scharfsinnige Erfindung der Lichter und Lampen unsre volle Bewunderung. Diese Körper enthalten eine bedeutende Menge Brennstoff, welcher für mehrere Stunden ausreicht. Sie sind überdies mit einem dünnen Stückchen einer schwammähnlichen vegetabilischen Substanz, Docht genannt, versehen, welcher der wirkliche Feuerheerd ist, oder das Laboratorium, von welchem aus die ganze Wirkung geleitet wird,

Drei Gegenstände verdienen bei der Lampe unsre Aufmerksamkeit, nämlich: das Oehl, der Docht, und der Zutritt der Luft. Es ist nothwendig, daß das Oel leicht entzündlich sei. Der Docht scheint vornehmlich, wenn nicht einzig und allein, das Oehl durch die Anziehung seiner Haarröhrchen zu dem Verbrennungsplatz zu leiten. Sobald dieses Oehl in Kohlen = Wasserstoffgas und andre Producte versetzt ist, nimmt frisches Oehl seine Stelle ein, und solchergestalt entsteht ein fortgesetzter Zufluß und Nahrung der Flamme. Wenn ein Licht zuerst angezündet wird, so erhält der Docht einen Grad von Hitze, der zureichend ist, das seine untere Peripherie umgebende Talg zu schmelzen, und dann es zu zersetzen. Grade an dieser Stelle wird das neuerzeugte Gas und der Dampf, durch Mischung mit der Luft, in eine blaue Flamme verwandelt, welche augen blicklich den ganzen Dampfkegel einhüllend, ihm so viel Hitze mittheilt, daß derselbe ein gelblich weißes Licht ausströmt. Das jetzt flüssig gewordene Talg wird nun, so wie es an der Spitze des Dochts hinwegdunstet, durch die Anziehungskraft der Haarröhrchen desselben Dochtes aufwärts gezogen, um die Stelle des verdünsteten zu ersetzen. Die zusammen geballten Haarröhren, aus welchen die Schnupfe besteht, werden schwarz, weil sie in Kohle verwandelt sind; eine Erscheiuung welche ihnen mit allen thierischen und vegetablischen Substanzen gemein ist, indem wenn ein Theil der Kohle und des Hydrogens, welche zu ihren Bestandtheilen gehören, durch die Verbrennung zersetzt sind, der Rückstand und andere feuerbeständige Theile, auf irgend eine Weise bedeckt und gegen die Einwirkung der Luft gesichert werden. In diesem Falle verdankt die brennende Substanz ihren Schutz der umgebenden Flamme. Denn wenn der Docht durch die fortgesetzte Zerstörung des Talges zu lang wird, um sich durch eigne Kraft länger in einer perpendicularen Richtung zu erhalten, so fällt dessen Spitze seitwärts aus dem von der Flamme gebildeten Kegel heraus, und wird nun, der Luft ausgesetzt, glühend, verliert die Schwärze und verwandelt sich in Asche. Indeßen der Theil des Brennstoffes, welcher durch die Hitze der Flamme sich allmälig verflüchtiget, wird nicht vollständig verbrannt, sondern etwas davon entweicht in Rauchgestalt mitten durch die Flamme, weil er nicht mit dem Oxygen der umgebenden Atmosphäre in Berührung kommen kann. Daraus folgt, daß bei einem dicken Dochte und einer großen Flamme, die Zerstörung des Brennmaterials verhältnißmäßig viel stärker ist, als bei einem dünnen Dochte und einer kleinen Flamme. Wirklich ist die Flamme bei einem Dochte, der blos aus einem einzelnen baumwollenen Faden besteht, dennoch auszeichnend glänzend und frei von Rauch, wogegen in Lampen mit sehr dicken Dachten, wie sie gewöhnlich vor Fleischerbuden hängen, oder wie sie die Lampenanstecker haben, der Rauch sehr dick ist, und großentheils das Licht der Flamme verdunkelt.

Ein Licht ist von einer Lampe aber in einem sehr wesentlichen Umstand verschieden, nehmlich: daß das Talg erst alsdann flüssig wird, wenn es in die Nähe Flamme kömmt; und die Flüssigkeit wird in einer Höhlung des oberen Theils des Lichtes zurückgehalten, welcher immer fest bleibt, und eine Art von Schale bildet. Daher darf der Docht auch nicht zu dünn sein, da er alsdann nicht im Stande sein würde, das Talg in dem Maaße als es schmilzt, zu seiner Spitze zu führen, welches folglich an den Seiten des Lichts herablaufen würde. Da dieser Uebelstand von der Leichtflüssigkeit des Talges herrührt, so ist es einleuchtend, daß ein Licht einen desto dickeren Docht erfordert, je leichtflüßiger dessen Masse ist; daß also der Docht eines Wachslichtes dünner seyn kann, als der eines Talglichtes. Ein Talglicht brennt mit gelber räuchricher dunkeler Flamme, außer eine kurze Zeit nachdem es geputzt ist. Wenn ein Licht mit einem dicken Docht zuerst angesteckt ist, und der Docht kurz abgeputzt wird, ist die Flamme vollkommen und glänzend, ihr Durchmesser müßte denn zu groß sein; denn in diesem Falle bleibt in der Mitte ein dunkler Theil, dessen Verbrennung durch Mangel an Luft gehindert wird. Je länger der Docht wird, desto mehr wird der Raum zwischen seinem äußersten Ende und der Spitze der Flamme vermindert; also das Talg welches von diesem äußersten Ende ausströmt, hat einen kürzeren Raum der Gluth zu durchlaufen, wird also weniger vollständig verbrannt, und zum Theil in Rauch verflüchtiget. Dieses Uebel nimmt zu, bis endlich das äußerste Dochtende sich über die Flamme erhebt, und eine Unterlage für eine Anhäufung von Ruß bildet, der durch die unvollkommene Verbrennung entstanden ist. Die Gestalt desselben bleibt unverändert, bis er sich noch höher über der Flamme erhebt, und mit der Luft in Berührung kömmt. Aber auch alsdann wird die nöthige vollständige Verbrennung, wodurch der Docht geputzt werden würde, nicht erfolgen, indem die durch den langen Docht aufgestiegene Menge von Talg nicht nur zu groß ist, um vollständig verbrannt zu werden, sondern auch indem es in den elastischen Zustand übergeht, der Flamme viel von ihrer Hitze entzieht. Durch diese verminderte Verbrennung, so wie durch den vermehrten Zufluß des halb zersetzten Talges, wird auf dem äußersten Ende des Dochtes eine Portion Kohle oder Ruß angesetzt, welcher sich allmälig mehr anhäuft, und endlich die Form eines Pilzes annimmt. In diesem Zustande giebt ein Licht nicht mehr als den zehnten Theil seiner gewöhnlichen Helligkeit, und aus diesem Grunde müssen Talglichter beständig geputzt werden.

Dagegen wird zwar auch das Licht einer Wachskerze durch die Verlängerung ihres Dochtes vermindert; da indeß der Docht dünner und biegsamer ist, so bleibt er nicht lange im Mittelpunkt des Flammenkegels, und kann selbst in dieser Lage den Durchmesser desselben nicht dergestalt vergrößern, daß der Zutritt der Luft von seinem Inneren abgehalten werden sollte. Wenn er für die verticale Stellung zu lang wird, so neigt sich die Spitze seitwärts, und wird durch den Zutritt der Luft zu Asche verbrannt, mit Ausnahme eines geringen Theils, welcher durch den beständigen Zufluß geschmolzenen Wachses geschützet, und durch die ihn umströmende Flamme verflüchtiget und vollständig verbrannt wird. Hiedurch wird es einleuchtend, daß die geringere Flüssigkeit des Wachses es fähig macht, vermittelst eines dünnen Dachtes, eine größere Menge der geschmolzenen Masse zu verzehren, und daß dieser dünne Docht, indem er sich vermöge seiner Biegsamkeit auf eine Seite neigt, die Operation des Selbstschnupfens mit mehrerer

Genauigkeit verrichtet, als es durch mechanische Vorrichtungen möglich sein würde.

Hieraus ergiebt sich, daß die für die Haushaltung nicht unwichtige Aufgabe: Talglichter den Wachslichtern ähnlich zu machen, nicht vom Grade der Verbrennlichkeit des verschiedenen Materials abhängt, sondern von einem mechanischen Vortheil in der unter der Flamme gebildeten Schaale, welcher durch die geringere Leichtflüssigkeit des Wachses hervorgebracht wird; und daß die Lösung der Aufgabe nur auf folgenden drei Wegen möglich ist. Entweder das Talg muß in einer Lampe verbrannt werden, um den Nachtheil der allmäligen Verlängerung des Dachtes zu vermeiden; oder es muß ein Mittel erdacht werden, um zu bewirken, daß das Talglicht sich eben so selbst putzt, als das Wachslicht; oder das Talg muß auf chemischem Wege strengflüßiger gemacht werden. Der Gegenstand verdient in commerciel, ler Hinsicht einer anhaltenden und genauen Untersuchung. Gewönlich nehmen die Chemiker an, daß die mehrere oder mindere Flüssigkeit des Wachses vom Oxygen herrührt. Nicholson (philosophical Journal 4to Series Vol. I. p. 70) ist durch mehrere Beobachtungen zu der Meinung geführt, daß das Selbstputzen eines von Talg oder einem andern brennbaren Stoffe gemachten Lichtes, schwerlich auf eine andere Weise erreicht werden dürfte, als durch die Entdeckung eines Materials, woraus der Docht dick genug gemacht werden könnte, um das Talg zu verzehren, und zugleich biegsam genug, um sich seitwärts zu neigen.

Zweites Kapitel.

Art und Weise, die Erleuchtungskraft von Lichtern, Lampen, Gas und andern brennenden Materien zu bestimmen.

Obgleich das Auge nicht im Stande ist, die verhältnißmäßige Erhellungskraft verschiedener Lichter zu beurtheilen, so kann es doch in mehreren Fällen mit vieler Genauigkeit unterscheiden, ob zwei ähnliche Oberflächen, welche es zugleich sieht, gleichmäßig erleuchtet sind. Denn da die leuchtenden Atomen in graden Linien ausströmen, so müßen sie sich gleichmäßig verbreiten, und daher muß ihre Intensität in dem doppelten Verhältniß ihrer Entfernung abnehmen. Daher kann man nach den verschiedenen Lagen der Mittelpunkte ihrer Ausströmung, wenn die zu vergleichenden Oberflächen gleich glänzend werden, den verhältnißmäßigen Grad der Intensität dieses Glanzes, leicht abschätzen. Zu diesem Zweck ist als Grundsatz angenommen, daß dieselbe Menge Licht, welche in allen Richtungen von einem leuchtenden Körper ausfließt, in allen Entfernungen von dem Mittelpunkte ihres Ausflusses unvermindert bleibt. Wir müssen daher annehmen, daß die Menge von Licht, welche auf jeden Körper fällt, dieselbe ist, welche auf die Plätze, welche die Schatten dieser Körper einnehmen, gefallen sein würde; und wenn die Richtigkeit dieses Satzes einem Zweifel unterworfen wäre, so kann er leicht durch einen einfachen Versuch erwiesen werden. Daraus folgt, daß, weil ein Quadratzoll Schatten von irgend einem Körper, in einer doppelten Entfernung von der Oberfläche des leuchtenden Punkts, den Raum von 4 Quadratzollen einnimmt, die intensive Stärke des Lichts in demselben Verhältnisse abnimmt, als das Quadrat der Entfernung zunimmt. Also wenn wir zwei lichtausströmende Körper von einem Gegenstande dergestalt entfernen, daß sie denselben in gleichem Grade erleuchten, können wir schließen, daß ihre ursprünglichen Intensitäten im umgekehrten Verhältniß der Quadrate ihrer Entfernungen stehen.

Wenn daher zwei Lichter von ungleich leuchtender Kraft unter gleichen Winkeln auf dieselbe Oberfläche scheinen, und ein dunkler Körper zwischen sie und die erleuchteden Fläche geschoben wird, so müssen die beiden dadurch entstandenen Schatten, an Schwärze oder Intensität, in demselben Grade verschieden sein. Denn der Schatten, der durch Auffangung des helleren Lichtes entsteht, wird nur durch das zweite schwächere Licht erleuchtet werden, und umgekehrt der andre Schatten durch das stärkere Licht; oder mit anderen Worten: das stärkere Licht wird einen tiefern Schatten werfen. Nun kann aber ohne Schwierigkeit der Schatten des stärkeren Lichts, durch weitere Entfernung desselben, dem Schatten des schwächeren Lichts gleich gemacht werden. Versuche dieser Art können leicht angestellt werden, wenn man ein weißes Papier an der Wand eines Zimmers befestiget. Die zu vergleichenden Lichter, von welcher Beschaffenheit sie auch sein mögen, müssen alsdann so gestellt werden, daß der Strahl eines jeden mit ohngefähr gleichem Einfallswinkel auf die Mitte des Papiers fällt. Wenn in dieser Lage ein Buch oder anderer Gegenstand dazwischen gehalten wird, um einen Theil des Lichts, welches auf das Papier gefallen sein würde, aufzufangen, so werden die beiden Schatten wie in der Figur I. Tafel VIII. erscheinen.

A ist hier die Oberfläche, welche blos durch eines der Lichter erhellet wird. B die durch das andere Licht erhellete Oberfläche. C der vollkommene Schatten, von welchem beide Lichter ausgeschlossen sind. Es ist leicht zu begreifen,

daß

daß die Lichter um D und E bei dem Winkel F unter gleichen Winkeln einfallen werden, sobald der doppelte Schatten den Mittelpunkt des Papiers einnimt; und folglich, wenn eins oder beide Lichter in derselben Richtung vom Papiere entfernt oder demselben genähert werden, bis die beiden Schatten in E uud D augenscheinlich dieselbe Stärke haben, ihre Erleuchtungskraft sich wie die Quadrate ihrer Entfernungen von dem Papiere verhalten müssen. Durch einige Versuche dieser Art, kann der Grad der Erleuchtungskraft verschiedener Lichter leicht mit zureichender Genauigkeit bestimmt werden, und ein Irrthum nur etwa um den zehnten Theil statt finden; so wie sich dadurch zugleich manche nützliche Umstände andrer Art darthun lassen .Denn da die Kosten und die Brennzeit der Lichter, so wie die Verzehrung des Oehls in den Lampen, sich leicht bestimmen lassen: so ergiebt sich daraus, ob mit demselben Kostenaufwand mehr oder weniger Licht in einer gegebenen Zeit erhalten wird, wenn eine Anzahl dünner Lichter, anstatt eines oder mehrerer dickerer gebrannt werden. Solchergestalt wird sich die Stärke verschiedener Arten von Lampen oder Lichtern, so wie des Gaslichts leicht vergleichen, und der Kostenaufwand der verschiedenen Erleuchtungsarten berechnen lassen. Wenn zum Beispiel ein Licht, und die Brennmündung eines Kohlengasapparats, welche durch einen Hahn regulirt wird, bei gleicher Entfernung von der Wand, einen Schatten von gleicher Dunkelheit werfen, so ist die Stärke oder Intensität ihres Lichtes dieselbe. Bei dem Gaslichte kann ein gleichförmiger Grad durch mehrere oder mindere Oeffnung des Hahns leicht hervorgebracht werden, und das Licht wird durch sorgfältiges Abschnupfen, die regelmäßigste und größte Helligkeit ausströmen. Auf die Größe der Flamme kömmt es bei Versuchen dieser Art nicht an, und wird diese nach der Beschaffenheit des Kohlengases sehr verschieden ausfallen. Die Menge des verzehrten Gases, und das durch Abwägen vor und nach dem Versuch ausgemittelte Gewicht des verbrauchten Talges, werden die Data zur Vergleichung der Talglicht- und Gaslicht-Kosten ergeben.

Durch die Versuche des Grafen Rumford über die Menge des Materials, welches zur Hervorbringung einer Erleuchtung von bestimmter Intensität, in einer gegebenen Zeit erfordert wird, hat sich ergeben, daß zu einer gleichen Helligkeit 100 Theile Wachs, 101 Theile Talg, 129 Theile Oel in einer Argandschen Lampe, und von einem schlecht geputzten Talglicht 229 Theile, dem Gewicht nach, nöthig sind. In Ansehung der Quantität des Kohlenasserstoffgases oder Kohlengases, habe ich gefunden, daß 18 bis 20 Cubikfuß (nach Maaßgabe der Reinheit derselben) nöthig sind, um ein Licht hervorzubringen, welches in Ansehung der Dauer und Erleuchtungskraft, einem Pfunde Talglichter 6 Stück auf das Pf. gleich zu achten ist, wenn sie eins nach dem anderen verbrannt werden.

Drittes Capitel.

Fernere Erläuterungen über die Art und Weise, die Kosten der verschiedenen Erleuchtungsarten zu berechnen und zu vergleichen.

Es ist bekannt genug, das die Helligkeit eines Lichtes, welches nach dem ersten Putzen so sehr glänzend ist, sich bald um die Hälfte vermindert, und gewöhnlich auf ⅓ oder ¼ herab sinkt, bevor das Mißbehagen unseres Auges uns an ein abermaliges Putzen erinnert. Daraus folgt daß bei Lichtern die nicht geschnupft werden dürfen, im Durchschnitt die Menge von Licht, welche von derselben Quantität Brennmaterial ausströmt, mehr als verdoppelt werden würde.

Wenn ein brennendes Licht so gestellt wird, daß es weder raucht, noch geputzt werden darf, so kann man mit Recht schließen, daß das Ganze des verzehrten Brennmaterials zur Lichterzeugung verwendet wird, und daß die Intensität des Lichts, welche in einer gewissen Zeit durch Lichte von verschiedener Dicke hervorgebracht wird, mit der Menge des verzehrten Brennmaterials im Verhältniß steht. Das heißt: wenn von zwei Lichtern aus demselben Material, das erste noch einmal so stark leuchtet als das andere, es auch in derselben Zeit euch noch einmal so viel an Gewicht verlieren wird.

Um die Richtigkeit dieses Satzes zu beweisen, hat Herr Walker *) die in folgender Tabelle verzeichneten Versuche gemacht;

*) Ezekiel Walker. Nicholsons Journal, Vol. IV. 8vo. Series.

Tabelle.

Nr. des Versuchs.	Nr. der Lichter.	Zeit des Brennens.	Verlornes Gewicht in dieser Zeit.	Stärke des Lichts.	Entfernung der Lichter von der Wand.
		St. Min.	Unz. Drch.		Fuß.
1.	1	3 — „	„ — 15	1	7
	3	3 — „	1 — 1½	1 +	7
	gegossen.	3 — „	„ — 15	1	7
2.	1	2 — 55	„ — 15	1	8
	3	2 — 55	1 — „	1 +	8
	gegossen.	2 — 55	„ — 15	1	8
3.	1	3 — „	„ — 15½	1	8
	3	3 — „	1 — 2	1⅛	8¾
	gegossen.	3 — „	1 — „	1	8
4.	5	3 — „	1 — 5	1 — 18	8¾
	gegossen.	3 — „	1 — 1⅛	1	8

Diese Versuche wurden von Herrn Walker folgendergestalt angestelt.

Drei Lichter, deren Dimension in der Tabelle angegeben sind, nehmlich 1. 3. und gegossen, wurden gewogen und alsdann zu gleicher Zeit angesteckt. Nach Verlauf der in der dritten Columne angegebenen Zeit wurden sie ausgelöscht, und wiederum gewogen, und der Gewichtverlust in die vierte Columne eingetragen.

Die drei ersten Versuche wurden unter so vortheilhaften Umständen gemacht, daß ihre Resultate keinem Zweifel unterworfen sind, indem dabei mit mehrerer Genauigkeit verfahren ist, als es zur praktischen Anwendung erfordert wird. Der vierte Versuch aber ist wegen des veränderlichen Lichts von Nr 5 als weniger zuverlässig zu betrachten Dieses Licht mußte so oft hin und her bewegt werden, um Schatten von gleicher Dunkelheit zu erhalten, daß man genöthigt wurde, seine mittlere Entfernung von der Wand nach einer ohngefähren Abschätzung anzunehmen. Aber da dieses geschah, bevor die Lichter gewogen waren, so konnte Partheilichkeit für sein System auf das Urtheil des Experimentators keinen Einfluß haben.

Die Methode nach welcher Herr Walker bei jedem Versuche ein Licht mit dem andern verglich, ist pag. 15 beschrieben.

1) Die Versuche wurden zu verschiedenen Zeiten angestellt, und das gegossene Licht als Basis zur Vergleichung mit den anderen angenommen; dieses will indeß nicht sagen, daß dieses Licht bei jedem Versuch denselben Grad von Helligkeit gegeben hätte.

2) Das Zeichen + in der 5te Columne deutet an, daß das Licht, bei welchem es bemerkt ist, mehr Helligkeit gab als die anderen.

Nach diesen Versuchen kann man als einen festen Grundsatz annehmen, daß bei einer vollständigen Verbrennung, die durch Talglichter hervorgebrachte Erleuchtung, mit der Zeit ihres Brennens und ihres Verlustes am Gewichte in genauem Verhältniß steht.

Denn bei gleichem Gewicht und gleichen Brennzeiten geben sie nach den Versuchen euch denselben Grad von Helligkeit.

Und wenn die Brennzeiten gleich sind, verhalten sich ihre Helligkeiten grade wie das Gewicht des verzehrten Brennmaterials.

Daher verhält sich die Helligkeit ohne Ausnahme, wie die Brennzeit und das Gewicht des verzehrten Brennmaterials. Wenn wir diesen Grundsatz, welchen Herr Walker theoretisch und praktisch erwiesen hat, als richtig annehmen, so haben wir eine feste Grundlage zur Vergleichung aller andern Erleuchtungsarten.

Wenn ein angezündetes dünnes gegossenes Licht so gestellt wird, daß es weder raucht, noch geputzt werden darf, so wird es in 3 Stunden eine Unze von seinem Gewichte verlieren. Wir wollen die unter diesen Umständen hervorgebrachte Helligkeit durch 1,00 bezeichnen.

Denn sollte dieses Licht zu irgend einer anderen Zeit auch mehr oder weniger verlieren, so wird doch die hervorgebrachte Helligkeit immer bekannt sein, weil diese in einer bestimmten Zeit sich wie das Gewicht des verzehrten Talges verhält. *)

---

*) Um Formeln zur Berechnung zu finden sei 1) M das gegossene Licht. a seine Entfernung von der Wand auf welcher die Schatten verglichen werden. x das Gewicht des in einer gegebenen Zeit (t) verzehrten Brennmaterials, und q die Helligkeit, welche M in derselben Zeit ausströmt.

2) m sei ein anderes Licht. b seine Entfernung von derselben Wand; und y das in der Zeit t verzehrte Brennmaterial.

Da nun die intensiven Helligkeiten sich wie die Quadrate der Entfernungen der beiden Lichter von der Wand verhalten, so zeigt uns die Formel $a^2 : q = b^2 : \frac{b^2 + q}{a^2}$ die Helligkeit an, welche M in dieser Zeit ausströmt. Alsdann wollen wir annehmen, daß sich die Helligkeit wie das in der Zeit t verzehrte Brennmaterial verhalten, und nach dieser Voraussetzung giebt die Formel $x : q = y : \frac{y + q}{x}$ die Helligkeit, welche m in dieser Zeit ausgeströmt hat.

Wenn aber (nach 1) $\frac{b^2 + q}{a^2} = \frac{y + q}{x}$ (nach 2) so verhalten sich die Helligkeiten von M und m gerade wie das Gewicht ihres in einer gegebenen Zeit verzehrten Brennmaterials.

Viertes Capitel.

Methode, die Erleuchtungskraft der Talglichter zu verstärken und ihr Putzen zu vermeiden.

Herr Ezekiel Walker hat gezeigt, daß es nur einer unbedeutenden Veränderung bei der gewöhnlichen Gebrauchsweise der Talglichter bedarf, um sie zu vortrefflichen Stellvertretern der Wachslichter zu machen.

Ein gewöhnliches Licht von denen 10 auf das Pfund gehn, und dessen Dacht aus 14 Fäden feiner Baumwolle besteht, darf nicht geputzt werden, wenn man es in einer unter einem Winkel von 30 Graden geneigten Stellung brennt, *) und, was in mancher Hinsicht noch wichtiger ist, es leuchtet mit einer fast gleichförmigen Helligkeit, und ohne den mindesten Rauch. Diese Wirkung entsteht folgendergestalt:

Wenn ein Licht in einer schiefen Stellung brennt, so steigt die Flamme größtentheils von der oberen Seite des Dochtes auf, und erscheint in einer gewissen Richtung betrachtet, in der Gestalt eines stumpfwinklichten Dreiecks, und da die Spitze des Dochtes an den stumpfen Winkel über die Flamme hinaus reicht, so berührt sie die Luft, und wird vollständig zu Asche verbrannt. Dadurch wird es dem Dachte ohnmöglich gemacht, wie ein Leiter, einen Theil des Brennmaterials in Rauchgestalt davon zu führen. Diese Art des Selbstputzens hat die Folge, daß der

---

*) Leuchter lassen sich ohne Schwierigkeit so einrichten, daß sie das Licht unter diesem oder jedem beliebigen anderen Winkel halten.

Dacht dieselbe Länge, und die Flamme selbst fast dieselbe Größe und Stärke behält. *)

Die Vorzüge von Lichtern die nicht rauchen und nicht geputzt werden dürfen, sind leicht zu begreifen; aber sie haben noch eine andre Eigenschaft, welche nicht mit Stillschweigen übergangen werden darf. Ein mit einem Instrumente geputztes Licht giebt ein schwankendes Licht, welches bei Betrachtung naher Gegenstände dem Auge sehr nachtheilig ist; und dieser Uebelstand kann durch keinen Lichtschirm vermieden werden. Aber wenn ein Licht sich selbst putzt, so wird dessen Flamme so vollkommen stätig und gleichförmig leuchtend, daß das Auge in Ruhe bleibt, und ohne Anstrengung und Schmerz deutlich sehen kann.

Die Lichter mit welchen Herr Walker hierüber Versuche angestellet hat, werden folgendergestalt beschrieben.

Tabelle.

Nr.	Zahl der Lichter auf das Pfund avoirdupois Gewicht.	Länge in Zollen.	Zahl der einzelnen Fäden von feiner Baumwolle in jedem Docht.
1.	14.	8, 5.	10.
2.	13.	9.	12.
3.	10.	9. 74.	14.
4.	8.	10.	20.
5.	6.	10. 25.	24.
gegossen.	6.	13.	—

Die Lichter Nr. 1. 2 3. dürfen unter einem Winkel von 30.° gebrannt, nicht geputzt werden. Ihre Helligkeit

*) Die unbedeutenden Veränderungen in dem Durchmesser der Flamme, mögen daher rühren, daß der Docht nicht mit Sorgfalt überall gleichförmig gedrehet ist.

ist fast gleich, und die Verbrennung geschieht so regelmäßig, daß kein Theil des geschmolzenen Talges unverzehrt entweicht, außer durch zufällige Ursachen.

Auch Nr. 4 darf unter diesem Winkel nicht geputzt werden Es brennt zwar etwas heller als Nr. 1., aber die Flamme ist weder völlig so weiß, noch so gleichförmig.

Nr. 5 bedarf zwar ebenfalls keines Putzens, aber die Flamme ist mehr schwankend, nicht so weiß als Nr. 4 und wenig heller als Nr. 1. Das geschmolzene Talg läuft zuweilen über, wenn die Luft im Zimmer bewegt wird. Doch kann man die Erleuchtung dieses Lichtes durch eine noch geneigtere Stellung sehr verbessern.

Das gegossene Licht giebt, eben so behandelt, eine sehr reine, gleichförmige Flamme ohne Rauch, darf nicht geputzt werden, und ist an Helligkeit ohngefähr dem Nr. 1 gleich.

Diese Versuche sind nicht genug vervielfältiget, um zu bestimmen, welche von diesen Lichtgattungen mit einem gleichen Kostenaufwand am stärksten erleuchtet; aber auch diese wenigen Versuche scheinen zu beweisen, daß sich die Helligkeit wie die Menge des verzehrten Brennmaterials verhält, und daß ein in obiger schiefer Richtung brennendes Licht, besser leuchtet, als ein grade stehendes und wie gewöhnlich geputztes Licht von demselben Durchmesser, weil ein Theil des Brennmaterials durch das Putzen verloren geht, und ein anderer in Rauchgestalt entweicht. Außerdem giebt ein vertical brennendes Licht eine veränderliche und schwankende Flamme.

Denn in dem Zeitraum zwischen einem jeden Abschnuppen ist die Helligkeit kaum eine Minute lang dieselbe; und die oft sich ändernde Höhe der Flamme ist noch nachtheiliger.

Denn die Flamme eines langen vertical brennenden Lichtes, welche nach dem Putzen eine Zeitlang gleichförmig brennt, ist etwa 2 Zoll hoch, erhebt sich aber oft zu einer

Höhe von 4 Zollen und mehr: verkürzt sich dann wieder plötzlich bis zu weniger als 3 Zollen, und wird dann wiederum länger. So ist die Flammeeine Zeitlang in beständiger Bewegung, bis sie zu ihrer gewönlichen Länge zurückkehrt. Aber dieser Zustand der Ruhe wechselt bald wieder mit neuen Schwankungen ab. So brennt das Licht fort, bis die Spitze des Dochtes sich der Spitze der Flamme nähert, und Wolken von Rauch entstehen Dann fängt das Auge an durch Mangel an Helligkeit zu leiden, und man nimmt seine Zuflucht zur Lichtputze.

Herr Walker bemerkt ferner, daß bloß diese Veränderungen, nicht aber das Wesen des Talglichtes selbst, dem Auge des Gelehrten und Künstlers so nachtheilig sind, und daß man diese Nachtheile leicht vermeiden kann, wenn man die Lichtputze nicht gebraucht, und anstatt eines dikken verticalen Lichts, zwei dünnere in schiefer Richtung brennt.

Im Monthly Magazin von 1805 p. 206 sind folgende Bemerkungen über diesen Gegenstand enthalten:

Es darf kaum bemerkt werden, daß Lichter desto schneller brennen, je schiefer man sie richtet. Nach meinen Versuchen ist ein Winkel von 45 Grad das Maximum der vortheilhaftesten Neigung, über welche man ohne andre bedeutende Nachtheile nicht hinaus gehen darf; und 25° nehme ich als das Minimum an, weil eine noch geringere Neigung die Spitze des Dochtes der Einwirkung der Luft nicht genugsam aussetzt.

Diejenigen, welche gewöhnlich bei Lichte lesen oder schreiben, müssen noch den Vortheil in Anschlag bringen, daß sie der Mühe überhoben werden, die Lichtputze zu suchen und zu gebrauchen. Denn ein gewöhnliches Licht muß bis zur völligen Verbrennung 45 mal geputzt werden.

Indeß führt doch die von Herrn Walker vorgeschlagene schiefe Stellung des Lichtes einen Nachtheil mit sich, zu dessen Vermeidung mir nicht sogleich ein Mittel einfallen wollte. Jeder Luftzug im Zimmer, sei er durch Oeffnung der Stubenthür, oder schnelles Vorbeigehen bei dem Lichte verursacht, bewirkt, daß das geschmolzene Talg überläuft und abträuft, welches ein unvermeidlicher Nachtheil bei der schiefen Stellung des Lichtes ist.

Um diesen Nachtheil zu vermeiden, ließ ich ein Lichtschirmgestell von Drath machen, und an eine Stange befestigen, welche unter demselben Winkel als das Licht geneigt war. Diese Stange wird unten mit dem Leuchter in einer horizontalen Entfernung von etwa 2 Zollen verbunden, und endiget sich in eine Dille, welche in die Dille des Leuchters paßt. Der Abstand dieser Stange von dem Leuchter, oder was dasselbe ist, die Länge des Leuchterfußes oder der horizontal Linie wird von selbst durch die Entfernung zwischen den zwei Kreisen, bestimmt, welche die obere und untere Oeffnung des Lichtschirms bilden.

Vielleicht wird dem Leser die Beschreibung dieses Theils der Vorrichtung deutlicher, wenn ich bemerke, daß sie den beiden ersten Linien der geschriebenen Zahl 4 vollkommen ähnlich ist; und wenn der dritte Strich so hoch wie der erste gezogen, und anstatt gerade, schief gemacht wird, giebt dieses eine deutliche Vorstellung von der ganzen Vorrichtung.

Wenn zum Lesen oder Schreiben eine starke Erleuchtung nöthig ist, kann das Drathgeflecht wie gewöhnlich mit weißem Taffent oder Papier überzogen werden. Soll aber die Erleuchtung sich im ganzen Zimmer verbreiten, so kann man sich eines ähnlich gestalteten Glases bedienen, um allen Luftzug von der Flamme abzuhalten. Wenn der obere Kreis des Lichtschirms 4 Zoll im Durchmesser hat, wird die Spitze der Flamme länger als die halbe Brennzeit des Lichtes dadurch geschützt werden. Die Stellung des Schirmes wird also nur einmal während dieser Zeit geändert werden müssen, um Beschädigung des Taffents oder sonstigen Ueberzuges zu verhüten.

Da mir selbst die Unterbrechungen, wozu ein vertical stehendes Licht Anlaß giebt, und die ohnerachtet ihrer kurzen Dauer doch unter Umständen sehr unangenehm werden können, höchlich zuwider sind, so wünsche ich auch andere des Genusses dieser Bequemlichkeit, welche für mich vielen Werth hat, theilhaftig zu machen.

Lord Stanhope *) hat eine einfache Methode Lichter zu verfertigen bekannt gemacht, welche nach seiner Behauptung Vorzüge vor der gewöhnlichen hat. Sie beruhet auf folgenden Grundsätzen:

1) Muß der Docht bei Wachs- u. Wallrathlichtern nur $\frac{1}{4}$ der gewöhnlichen Fädenzahl enthalten; bei Talglichtern nur $\frac{2}{3}$.

2) Muß der Docht von aller Feuchtigkeit völlig befreit werden; ein Umstand der in den gewönlichen Lichtfabriken selten beachtet wird.

3) Muß der Docht bei Wachslichtern von aller Luft befreiet werden, welche in den einzelnen Fäden enthalten ist, welches leicht dadurch geschieht, daß man ihn in geschmolzenem Wachse so lange kocht, bis keine Luftblasen mehr entstehen, oder die Oberfläche nicht mehr schäumt.

Durch Beobachtung dieser Vorsichtsmaaßregeln sollen Lichter von jeder Dicke viermal länger als die gewöhnlichen brennen, eine hellere und gleichförmigere Erleuchtung gewähren, und endlich nicht so häufig geputzt werden dürfen. Ueberdies flackern sie weniger, sind also zum Schreiben, Lesen oder anderen Arbeiten auch in dieser Hinsicht vorzuziehen.

---

*) Repository of arts. Vol. I. p. 86.

Folgende Bemerkungen werden den Werth der von Lord Stanhope vorgeschlagenen Verbesserungen außer Zweifel setzen, und zugleich die Erfolge einiger Versuche darlegen, welche gemacht sind, um die Kosten der Oellampen-Erleuchtung mit Dochten von verschiedener Dicke zu vergleichen.

Eine Lampe mit einem Docht von 8 baumwollenen Fäden verzehrt in einer Stunde $\frac{825}{1000}$ Unzen Wallrathöl zu 6 Schilling die Gallone. Also eine 12 stündige Erleuchtung kostet 13,71 Farthings, zu 7 Schilling kostetsie 15,995 Farthing, zu 8 Schilling kostet sie 18,280 Farthing.

NB. Diese Lampe brennt so hell als Talglichter 8 oder 10 auf das Pfund. Ueberdies darf eine solche Lampe selten geputzt werden, und giebt eine gleichförmige und helle Erleuchtung.

Eine Stuben- oder Nachtlampe mit einem Docht von 4 gewöhnlichen baumwollenen Fäden, verzehrt in einer Stunde 1,664 Unzen Wallrathöl zu 7 Schilling die Gallone; daher ein 12 stündiges Brennen 7,02 Farthings kostet; zu 8 Schilling also 8, 022 Farthings und zu 9 Schilling 9,024 Farthings.

Tabelle

über eine Reihe von Versuchen, welche angestellt sind, um die wirklichen und verhältnißmäßigen Kosten der Erleuchtung mit Lichtern von verschiedener Beschaffenheit und Größe auszumitteln.

	Zahl der Lichter auf 1 Pfund.	Gewicht eines einzelnen Lichts.	Brennzeit eines einzelnen Lichts.	Brennzeit eines ganzen Pfundes.	Kostenbetrag eines 12stündigen Brennens bei Lichtern zu 12 Pence per Dutzend, wonach sich die von jedem Preise berechnen lassen.
		Unz. Dr.	St. Min.	St. Min.	Far u. $\frac{1}{100}$
mit dünnem Docht.	18 ¾	0 — 14	3 — 15	59 — 26	— 9,70
	19	0 — 13 ½	2 — 40	50 — 34	— 11,40
mit dickem Docht.	16 ½	0 — 15 ½	2 — 40	44 — 2	— 13,08
	12	1 — 5 ¼	3 — 27	41 — 24	— 13,92
	10 ¾	1 — 8	3 — 36	38 — 14	— 15,00
	7 ¾	2 — 1	4 — 9	32 — 12	— 17,88
	8	2 — 0	4 — 15	34 — 0	— 16,94
	5 ¾	2 — 13	8 — 19	30 — 15	— 19,06
	gegossene Lichter.	jedes			gegossene zu 14 Pence per Dutzend.
mit in Wachs gekochtem Docht.	3 ⅞	2 — 12	7 — 20	42 — 39	— 15,74
	4	4 — 0	9 — 3	36 — 20	— 18,56
	3	5 — 2 ¼	17 — 30	52 — 30	— 16,825

NB. 1 Farthing ist ¼ Pence, also gehn 48 auf ein Schilling.

Die Brennzeit in dieser Tabelle ist nach einem Durchschnitt mehrerer Versuche angenommen.

Doctor Franklin hat behauptet, die vereinigte Flamme zweier Lichter gäbe eine weit stärkere Erleuchtung, als beide Lichter, besonders brennend. Dieselbe Bemerkung hat Herr Warren bei der Flamme zweier Gaslichter gemacht.

Wirklich ist es in allen Fällen wo Lichter zur Erleuchtung nahe zusammen gebracht werden, vortheilhaft, die Hitze der Flamme möglichst zu erhalten. Die einfachste Art und Weise ist ohne Zweifel, zwei Lichter so nahe als möglich, jedoch ohne unmittelbare Berührung, zusammen zu stellen, damit sie sich einander wechselseitig gegen die mächtige abkühlende Einwirkung der sie umgebenden kalten Körper schützen. Nach diesem Grundsatz ist neuerdings die Liverpooler Lampe zusammengesetzt, wo mehrere flache oder Banddochte in Cylindern einander umgeben. Die Erleuchtungskraft dieser Lampe ist allen anderen gebräuchlichen überlegen, und überdies ist sie weniger kostbar. Auch geht keine Helligkeit durch die einander deckenden Flammen verlohren, weil eine Flamme für das Licht einer anderen durch sie geleiteten, völlig durchsichtig ist.

Zweiter Abschnitt.

Vom Gaslicht.

Vorläufige Bemerkung.

Eine neue Art künstliches Licht zu erzeugen, welche darin besteht, daß das Gasfluidum, welches durch die Destillation der gemeinen Steinkohle entsteht, gebrannt wird, hat in unseren Tagen unter dem Namen der Gaserleuchtung allgemeine Aufmerksamkeit erregt.

Die Aufmunterungen, welche vor einigen Jahren dieser Erleuchtungsart von der Regierung gewährt sind, haben mehrere Individuen veranlaßt, das Gaslicht zur Erleuchtung von Straßen, Häusern, Wegen und öffentlichen Gebäuden anzuwenden. Es ist bekannt genug, daß eine Gesellschaft unter dem Namen Gaserleuchtungs- und Cokegesellschaft privilegirt ist, diese neue Methode, nach einem ausgedehnteren Maaßstabe zur Erleuchtung der Hauptstadt anzuwenden.

Indeß sind die Privilegien dieser Corporation sehr gemäßigt und eingeschränkt. Die Mitglieder derselben haben kein ausschließliches Vorrecht, und die diesfällige Parlamentsacte schließt andere Personen nicht von der Concurrenz aus. Ihre Operationen sind auf die Hauptstadt eingeschränkt, und ihr die Verpflichtung auferlegt, den Straßen und Kirchspielen, welche es wünschen, nicht nur eine hellere Erleuchtung zu verschaffen, sondern auch zu einem wohlfeileren Preise, als die gewöhnliche Erleuchtung. Die Corporation ist nicht ermächtiget die erforderliche Maschinerie zur Erleuchtung von Privatgebäuden zu verkaufen, ihr Capital ist auf 200,000 Pfund beschränkt, und der König hat das Recht, ihr Privilegium aufzuheben, sobald die Gesellschaft die vorgeschriebenen Bedingungen nicht erfüllt.

Erstes Capitel.

Theorie der Verbrennung der Kohle und Erläuterungen über die Natur und Erzeugung des Gaslichtes.

Steinkohlen sind in unserer Insel in Lagern vorhanden, welche noch für einige hundert folgende Generationen unerschöpflich genannt werden können, und sie sind zum häuslichen Gebrauch sowohl als zur Anwendung bei Manufacturen so geeignet, daß sie mit Recht als eine vorzügliche Grundlage unseres Nationalreichthums betrachtet werden. Sie bestehn wie alle übrigen Erdharze, aus einer festen verkohlten Grundlage oder Harz, mit mehr oder weniger erdigen oder salzigen Bestandtheilen verbunden, welche die bei dem Verbrennen der Steinkohle übrig bleibende Asche geben. Die Verhältnisse dieser Bestandtheile sind bei den verschiedenen Steinkohlengattungen sehr verschieden; und nachdem der eine oder der andre das Uebergewicht hat, ist die Kohle mehr oder weniger brennbar, und vollkommen. Durch verschiedene Abstufungen geht sie von der entzündlichsten Cannelkohle zur Blind-Kilkenny oder harten Kohle über, und artet endlich in ein Gemisch von erdigen oder steinigen Substanzen aus, welche, obgleich noch entzündlich, doch nicht den Namen einer Kohle verdienen.

Jedermann weiß, daß wenn Steinkohlen in unseren Rosten brennen, eine mehr oder weniger leuchtende Flamme entsteht, und daß sie häufig schöne Strahlen einer vorzüglich glänzenden Flamme ausströmen Aber außer der Flamme, welche ein besonderes Gas im Zustande der Verbrennung ist, entwickelt die Hitze einen wässrigen Dunst aus der Kohle, welcher mit verschiedenen Arten ammoniacalischer Salze geschwängert ist; ferner eine dicke klebrige dem Theer ähnliche Flüssigkeit, und endlich verschiedene nicht brennbare Gasarten. Deshalb ist die Flamme eines Steinkohlen-Feuers jederzeit zitternd und veränderlich, sowohl in Ansehung der Gestalt, als des Glanzes und der Farbe, und das schönste glänzendste Licht wird, vielleicht im nächsten Augenblick, durch einen Strom von dickem Rauche verdunkelt. Wenn aber Kohlen, anstatt sie auf diese Art zu verbrennen, der Destillation in geschlossenen Gefäßen unterworfen werden, so kann man alle ihre wesentlichen Bestandtheile abgesondert sammeln. Der harzige Theil wird in Gestalt des Theers ausgeschmolzen. Zugleich wird eine Menge der wässrigen Flüssigkeit mit etwas Oel und mehreren ammoniacal Salzen verunreiniget, entwikelt. Es entbindet sich eine große Menge Wasserstoffgas und andrer nicht brennbarer Gasarten, und die fixe Grundlage der Steinkohle bleibt im Destillirkolben als eine kohlenartige Substanz die man Coke (Koak), oder gereinigte Steinkohle nennt, zurück.

Alle diese Produkte können in besonderen Gefäßen gesammelt werden. Das gekohlte Wasserstoff, oder Kohlenwasserstoffgas kann von den andern nicht brennbaren Gasarten befreiet, und demnächst gezwungen werden, durch kleine Oeffnungen auszuströmen, welche entzündet gleich der Flamme eines Lichtes zur Erleuchtung dienen können. Solchergestalt sind wir im Stande, der Steinkohle, einem Erzeugnisse unseres Vaterlandes, ein reines, dauerndes und reichliches Licht abzunöthigen, welches wir sonst durch kostbare zum Theil ausländische Producte ersetzen müßten.

Die Beförderer der Gaserleuchtung, gründen ihren Anpruch auf öffentliche Unterstützung, vornehmlich auf die Möglichkeit die Bestandtheile der Steinkohle auf eine leichte und wohlfeile Weise zu sammeln. Sie halten dafür, daß die gewönliche Steinkohlen-Feurung nur wenige Vortheile gewährt. Sie ist nicht nur auf eine Stelle beschränkt, wo Glühhitze nöthiger ist, als eine glänzende Flamme, sondern sie wird durch die Menge zugleich aufsteigender unverbrennlicher Stoffe, welche die Atmosphäre verunreinigen, verdunkelt und zuweilen ganz erstickt.

Daß auf diese Weise vieles Brennmaterial verlohren geht, ist einleuchtend, und täglich wahrzunehmen. Wir sehen häufig eine Flamme plötzlich aus den dicksten Rauche hervorbrechen, und eben so plötzlich wieder verschwinden; und wenn wir den kleinen Funken, welche aus dem harzigen Theile der Kohle hervorspringen, ein Licht nähern, so fangen sie Feuer, und brennen mit einer glänzenden Flamme. Eine bedeutende Menge gasartiger zur Erzeugung von Licht und Hitze geeigneter Flüssigkeit, entweicht beständig durch den Rauchfang, während der andrer Theil zufällig glühend wird, und die Erscheinung des Flammenlichtes darbietet.

Die Theorie der Gaslicht-Erzeugung ist daher mit der Wirkung einer Lampe oder eines Lichtes übereinstimmend. Der von der Flamme umgebene Lichtdocht ist in derselben Lage, als die der Destillation ausgesetzte Steinkohle. Das Geschäft des Dochtes besteht blos darin, das er durch seine Haarröhren das Talg zu dem Orte führt wo es verbrannt wird. Sobald es in Kohlen-Wasserstoffgas zersetzt ist, wird es verzehrt und verflüchtiget, und eine andre Portion tritt in seine Stelle; und auf diese Art wird ein anhaltender Zufluß des Talges zur Unterhaltung der Flamme bewirket. (siehe pag. 11.)

Bei Verbrennung des Oels in Lampen, finden ähnliche Verhältnisse statt. Die Röhren des Dochtes verrichten das Geschäft der vom Glühfeuer umgebenen Retorte, durch welche das brennbare Fluidum übergetrieben wird. Das Oel steigt in die glühenden Röhren des Dochtes, wird in Kohlen-Wasserstoffgas zersetzt, und durch die Verbrennung dieses Gases entsteht die Erleuchtung. (siehe pag. 11.)

Was will denn also das Gaserleuchtungssystem? Nichts weiter als durch zureichende Oefen und Behalter von angemessenen Umfange die nöthige Menge von Gas erzeugen, welche dasselbe Material ist als die Flamme der Lichter oder Lampen; es will dieses Gas durch Röhren in beliebige Entfernungen leiten, und es zwingen, aus den Mündungen der Leitungsröhren auszuströmen, damit es dort zu beliebigen Zwecken in Brand gesteckt werden kann. Die Unterschiede zwischen diesem Prozeß und dem eines gewönlichen Lichtes oder Lampe, bestehn blos darin, daß bei der Gaserzeugung der Heerd in der Werkstatt ist, anstatt daß er sich bei dem Lichte oder der Lampe in dem Docht befindet; — daß dort der brennbare Stoff in einem besonderen Apparat destillirt und gesammelt wird, anstatt daß er im Oele, Wachs und Talg selbst vorhanden ist, und sich während des Brennens entwickelt; und endlich, daß das Gas zu beliebigen Entfernungen fortgeführt, und an der Mündung der Leitungsröhre, anstatt an der Spitze des Dochtes, entzündrt wird. Das Princip ist in der Vernunft gegründet, und mit der allgemeinen Art wie alles Licht erzeugt wird, übereinstimmend. In der That gehört diese Entdeckung zu den zahlreichen neueren Anwendungen der Scheidekunst auf Gegenstände des gemeinen Lebens, und verspricht den ausgebreitetsten Nutzen.

Aus dem Umriß der hier von der Erzeugung und Anwendung des Kohlengases angegeben ist, ergiebt sich: daß die Benutzungsart der Steinkohle noch nicht erschöpft ist. Hier ist es hinreichend zu bemerken, daß die Zerlegung der Kohle in ihre Bestandtheile, welche bisher auf das Laboratorium des Scheidekünstlers beschränkt war, und einen geschickten und sorgfältigen Arbeiter, so wie umständliche und kostspielige Vorrichtungen erforderte, jetzt dergestalt vereinfacht ist, daß durch einen einzigen Gaslichtapparat mehrere Calderons Kohlen in 6 Stunden zerlegt, und daß die Bestandtheile in der besten Güte mit einem Kostenaufwande gewonnen werden können, welcher gegen den Werth dieser Producte ganz unverhältnißmäßig gering ist.

Zweites Kapitel.

Ueber die Entstehung und den Fortschritt der Entdeckung und Anwendung des Kohlengases, als Mittel zur Erzeugung eines künstlichen Lichtes.

Um dem Leser die Erleuchtung durch Kohlengas, anstatt durch Talg und Oel, begreiflicher zu machen, wird es zweckmäßig sein, die Entdeckungen kürzlich zu berühren, welche nach und nach über die Zerlegung der Kohle und die Anwendung ihrer verschiedenen Bestandtheile, gemacht sind. Diese Skizze wird ein Beispiel mehr aufstellen, wie langsam das menschliche Geschlecht in Folgerungen aus bekannten Principien und vollständiger Benutzung bekannter Thatsachen fortschreitet, welches die Geschichte der Künste und Wissenschaften so häufig darbietet.

In den philosophical Transactions der königl. Societät V. XLI. ist vor dem Jahre 1739 eines Aufsatzes erwähnt, welcher Rechenschaft von einigen Versuchen des Dr. James Clayton giebt, aus welchem hervorgeht, daß die brennbare Natur des Kohlengases schon damals bekannt war. Dr. Clayton erhielt durch die Destillation der newcastler Steinkohle, als Product ein wäßriges Fluidum, ein schwarzes Oel und ein brennbares Gas, welches er in Blasen auffing, und wenn er in diese Löcher hineinstach, konnte er dasselbe nach Belieben entzünden.

Es ist ferner bekannt, daß im Anfang des vorigen Jahrhunderts Dr. Hales *) bei einer chemischen Untersuchung der Steinkohle entdeckte, daß während dieses Fossil in geschlossenen Gefäßen glühete, ohngefähr ein Drittheil seines Gewichts in Gestalt eines brennbaren Dampfes verflüchtiget wurde. Daher kann die Entdeckung der entzündbaren Natur des Kohlengases, von keinem jetzt lebenden Individuo in Anspruch genommen werden.

Im Jahre 1767 unterwarf der Bischof von Llandaff **) die Natur des Dunstes und der gasartigen Producte, welche bei der Destillation der Steinkohle entwickelt werden, einer näheren Untersuchung. Dieser gelehrter Physiker bemerkte, daß das flüchtige Product nicht blos bei seinem hervorströmen aus dem Destillirkolben entzündbar ist, sondern auch die Entzündbarkeit behält, nachdem es durch Wasser und durch zwei lange gekrümmte Röhren geleitet worden. An festen Bestandtheilen erhielt derselbe: ein wäßriges ammoniacalisches Fluidum, ein zähes dem Theer ähnliches Oel, eine ammoniacalische Feuchtigkeit, und eine schwammigte Kohle oder Coke.

Die erste Anwendung dieses Kohlengases zur Erleuchtung, nimmt Herr Murdoch in Anspruch.

Dr. W. Henry ***) aus Manchester, hat folgenden Bericht über diese Entdeckung bekannt gemacht:

Im Jahre 1792 fing Herr Murdoch, der sich damals zu Redruth in Cornewall aufhielt, eine Reihe von Versuchen über die Menge und Beschaffenheit des Gases an, welches in verschiedenen Substanzen enthalten ist. Bei dieser Gelegenheit bemerkte er, daß das durch Destillation aus

---

*) Vegetab. Statics Vol. I.

**) Watsons Chemical essays Vol. I.

***) Thompsons System of chemistry. Vol. I. pag. 52.

Kohlen, Torff, Holz und anderen brennbaren Substanzen erhaltene Gas, entzündet, mit einem großen Glanze brennt, und es fiel ihm der Gedanke ein, daß es durch Röhren geleitet, als ein wohlfeiler Stellvertreter der Lampen und Lichter dienen könnte. Die Destillation geschah in eisernen Retorten, und das Gas wurde durch verzinnte eiserne und kupferne Röhren bis 70 Fuß weit geleitet. Am Ende der Röhre sowohl als an mehreren Zwischenpuncten, wurde das Gas angesteckt, indem es durch Oeffnungen von verschiedenen Umfang und Gestalten ausströmte die absichtlich so gemacht waren, um die zweckmäßigste auszumitteln. Bei einigen strömte das Gas aus einer Menge kleiner Löcher gleich der Brause einer Gießkanne; bei anderen aus langen und schmalen Oeffnungen; bei anderen wiederum aus Kreisförmigen gleich der Röhren der argandschen Lampen. Beutel von Leder und von gefirnißtem seiden Zeuge, Blasen und Gefäße von verzintem Eisenblech, wurden mit Gas gefüllt, und diese entzündet von Zimmer zu Zimmer getragen, um auszumitteln, in wie weit es zu einem beweglichen und transportabeln Lichte geeignet sei. Gleichzeitig wurden Versuche über die aus verschiedenen Kohlenarten zu entwickelnde Menge und Beschaffenheit des Gases angestellt, und unter andern, Kohlen von Swansea, Haverfordwest, Newcastle; Schrophire, so wie einige aus Schottland, dieser Untersuchung unterworfen.

Herrn Murdochs anderweite Geschäfte erlaubten ihm damals nicht, diesen Gegenstand weiter zu verfolgen; aber im Jahre 1797 benußte er einen geschäftslosen Augenblick, um seine Versuche über Kohlen und Torff zu Old-Cumnock in Ayrhire zu wiederholen; wobei wir nur bemerken, daß sowohl diese als die früheren Versuche in Gegenwart einer Menge von Zuschauern angestellt wurden, welche nöthigenfalls die Erfolge bestätigen können. Im Jahre 1798 erbauete er zu Sohofoundry einen Apparat welcher mehrere Nächte hintereinander zur Erleuchtung gebraucht wurde; nachdem bei Erfahrungen über die zweckmäßigste Beschaffenheit der Mündungen nach einem größeren Maaßstabe wiederholt waren. Eben so wurden mehrere Methoden versucht, das Gas zu waschen und zu reinigen, und von Rauch und Geruch zu befreien. Diese Versuche wurden mit mehreren zufälligen Unterbrechungen bis zum Frieden im Frühjahr 1802 fortgesetzt, wo die Illumination der Soho Manufactur Gelegenheit gab, eine öffentliche Anwendung dieser neuer Erleuchtung zu geben, und diese fiel so aus, daß sie die vorzüglichste Zierde dieser Feierlichkeit wurde.

Im Jahre 1803 und 1804 erklärte Herr Winsor im Lycäum zu London die Natur dieser neuen Erleuchtungsart im allgemeinen; aus dem Apparat zur Erzeugung, und der Art der Reinigung des Gases aber, machte er ein Geheimniß. Er erläuterte die Art das Gas durch ein Haus zu leiten, und zeigte eine Menge von Mustern zu Leuchtern, Lampen und Röhrenmündungen zu diesem Endzweck vor. Unter anderen machte er den Vorschlag, das Gas durch lange biegsame Röhren welche von der Decke oder den Wänden des Zimmers herab hingen, und am Ende mit Lampen oder Brennmündungen von verschiedener Art verbunden waren, zu leiten. Eben so zeigte er durch Versuche, daß die Flamme des Gaslichts keinen Rauch giebt, daß sie weniger gefährlich ist, als Lampen- und Lichtflammen; daß sie keine Funken werfen kann, und daß sie durch Windstöße und Regengüße nicht so leicht verlischt.

Herrn Winsors Vorlesungen über das Gaslicht wurden über 2 Jahre früher gehalten, als man von dem Prioritätsrechte des Herrn Murdoch etwas hörte.

Es ist nicht meine Absicht, durch Aufstellung dieser Thatsachen zu behaupten, daß Herr Murdoch durch Herrn Winsors frühere Vorlesungen auf die Anwendung des

Kohlengases geführt wurde, denn es ist sehr wahrscheinlich, daß Herrn Murdochs Ideen ganz unabhängig und ohne Kenntniß der Winsorschen entstanden sind.

Die Ansprüche auf Erfindung, oder die Entscheidung eines Prioritätsrechts unter mehreren Competenten, interessirt das Publikum nur in so weit, als die Ehre und Achtung, welche dem Urheber einer nützlichen Erfindung gezollt wird, anderen Individuen zur Aufmunterung gereicht, ihre Talente ähnlichen Untersuchungen zu widmen, wodurch die Zahl und der Gegenstand menschlicher Erfindungen erweitert, oder schon vorhandene verbessert werden.

Denn für die wirklichen Vortheile welcher der Menschheit aus irgend einer Erfindung erwachsen, ist dieselbe gewiß demjenigen mehr Dank schuldig, der eine Erfindung zuerst practisch benutzt, als der sie wirklich zuerst gemacht, und blos durch unfruchtbare Versuche erläutert hat. Ohne Zweifel trug Herr Windsor im Jahre 1802 durch anhaltende Ausdauer und Thätigkeit dazu bei, die Gemüther des Publikums für die ausgedehnte Anwendung der Gaserleuchtung empfänglich zu machen; aber er hat keine neue Entdeckung in Ansehung der Bestandtheile der Kohle gemacht, er hat auch nicht die Art das Gas durch Röhren zu leiten erfunden; und wenn er der Erfinder des Details bei dem ganzen Verfahren ist, so hat er zwar eine sehr wichtige aber doch nicht die wesentlichste Verbesserung in der Gaserleuchtungskunst gemacht. Vielleicht sind auch Hr. Winsors Bekanntmachungen über diesen Gegenstand, blos nicht gut berechnet, um seine Ansprüche zu vertheidigen; und die übertriebene Berechnung von Vortheilen, wozu das sanguinische Temperament eines Erfinders von Natur geneigt ist, haben in den Augen oberflächlicher Beobachter den ganzen Gaserleuchtungsplan einen Anstrich von Lächerlichkeit und Unwahrscheinlichkeit gegeben.

Man kann indeß mit Gewißheit behaupten, daß, wenn

dieselben Thatsachen unter der Egide eines unter den Chemikern und Physikern berühmten großen Namens bekannt gemacht wären, das ungläubige Publikum schon längst bekehrt, und der Gaserleuchtungsplan welcher mehrere Jahre hindurch nur ein laues Intresse erregte, früher als ein Gegenstand der Nationalwohlfarth angenommen seyn würde.

Am 18ten Mai 1804 erhielt Herr Friedrich Albert Winsor ein Patent, um die Aufbewahrung und Reinigung des brennbaren Gases (zur Hervorbringung von Licht und Wärme) die Bereitung von Ammonium, Theer und Steinkohlen Producte, mit einer Fabrik von einer vorzüglichen Gattung von Coakes zu verbinden (siehe Repertory 2. d. Series v. 72); und kürzlich hat er ein zweites Patent zu Verbesserung des Gewinnungsprocesses gelößt. Im Jahre 1805 machte Herr Northern in Leeds das Publicum auf die Anwendung des Kohlengases, als Stellvertreter des Talglichts, von neuem aufmerksam, wie aus folgendem Extract aus dem Monthly Magazine für den April 1805 hervorgeht:

„Ich destilirte in einer Retorte 50 Unzen Steinkohlen in einem Glühfeuer und erhielt 6 Unzen einer mit Oel bedekten Materie, welche nach den verschieden Graden der Hitze mehr oder weniger flüssig war. Etwa 26 Unzen gereinigte ausgeglühete Kohle, blieben in der Retorte zurück. Das übrige ging in Gasgestalt über, und wurde in dem pneumatischen Apparat aufgefangen. Ich mischte einen Theil dieses Gases mit atmosphärischer Luft, und entzündete es mit einer mäßigen Explosion durch den electrischen Funken, ein Beweis daß es Wasserstoffgas war. Ob noch andre Gasarten damit verbunden waren, untersuchte ich damals noch nicht. Im Recipienten fand ich ein Fluidum von saurem Geschmack, mit einer großen Menge Oel, und auf den Boden eine dem Theer ähnliche Substanz.

Zur Hervorbringung von Licht, bediente ich mich eines

Raffinir-Schmelztiegels, dessen Oeffnung ich, nachdem er mit Kohlen angefüllt war, mit einem metallnen Deckel verschloß, und ihn mit Lehmen verlutirte, um die Entweichung des Gases zu hindern. In den Deckel löthete ich eine metallne Röhre, die so gebogen war, daß sie unter das Bret der pneumatischen Wanne reichte, über welche ich einen Krug mit einem Hahn und einer engen Röhre versehen, stellte. Als der Krug mit Wasser gefüllt war, setzte ich den Schmelztiegel einem gewöhnlichen oder anderen Feuer aus, wie es die Gelegenheit erlaubte; und als die Hitze zunahm, wurde das Gas schnell durch das Wasser, welches es regelmäßig verdrängte, in den Krug getrieben. Alsdann öffnete ich den Hahn, und entzündete das durch die enge Röhre ausströmende Gas, welches augenblicklich mit der schönsten Flamme, ohne allen Rauch und Geruch, entbrannte. Wenn das Gas nicht durch Wasser getrieben wird, erhält man zwar eine größere, aber nicht so lebhafte und reine Flamme, welche überdies stärker raucht, als eine gemeine Oellampe.

Ich hoffe gewiß, daß irgend ein thätiger Mechanikus oder Chemiker hierauf bald einen Plan gründen wird, große Factoreien und andre Anstalten auf obigem oder ähnlichen Wege, mit weit geringeren Kosten zu erleuchten, als die jetzige Oelbeleuchtung verursacht.

Kurz darauf theilte der Ingenieur Herr Samuel Clegg *) in Manchester, der Gesellschaft der Künste einen Bericht über seine Methode Manufacturen mit Gas zu erleuchten mit, wofür er die silberne Medaille erhielt.

In Frankreich war die Benutzung des Gaslichts zu öconomischen Zwecken längst entdeckt, bevor er bei uns öffentlich zur Sprache kam. Herr Lebon erleuchtete zu Paris im Winter 1802 ein ganzes Haus mit Gas, welches

*) Jetziger Ingenieur der Gaslicht Compagnie.

von Tausenden mit Bewunderung gesehen wurde; und er hielt von der französischen Regierung ein Patent (brevet d'invention) über die Kunst, durch in verschlossenen Gefäßen verkohltes Holz, Licht hervorzubringen.

Es wurden noch viele andre Versuche gemacht, die verschiedenen Bestandtheile der Kohle zu benutzen; die aber keiner besonderen Erwähnung verdienen.

Im Jahre 1808 übergab Herr Murdoch der Königlichen Societät seine Abhandlung über die Anwendung des Gaslichts, und erhielt dafür die Graf Rumfordsche Medaille.

Wir geben folgenden Auszug aus dieser Schrift:

Sämtliche Zimmer in der Baumwollen-Mühle des Hr. Lee in Manchester, welche vielleicht die größte im Lande ist, werden nebst den Comptoirs, den Niederlagen und dem angrenzenden Wohnhause des Eigenthümers, durch Kohlengas erleuchtet. Die ganze Quantität von Licht, welches während der Erleuchtungsstunden verwendet wird, ist, nach einer Vergleichung der Schatten (siehe pag. 5), ohngefähr einer Erleuchtung von 2500 gegoßenen Talglichtern 6 auf das Pf. gerechnet, gleich zu achten, deren jedes nach dem angestellten Versuch $\frac{4}{10}$ von einer Unze Talg (175 gran) in einer Stunde verzehrt.

Die Brennmündungen der Leitungsröhren sind von zweifacher Art. Die eine der argandschen Lampenröhre ähnlich, und nach demselben Princip eingerichtet. Die andere ist eine enge gekrümmte Röhre mit kegelförmiger Mündung welche drei kreisförmige Oeffnungen von etwa $\frac{1}{30}$ Zoll im Durchmesser hat, eine an der Spitze, und zwei an den Seiten des Kegels, aus welchen das Gas in drei verschieden gerichteten Feuerströmen hervorbricht, welche etwas Aehnlichkeit mit einer Lilie haben. Die Gestalt und das äußere Ansehen dieser Röhre haben ihr bei den Arbeitsleuten die Benennung: Hahnensporn Brenner (Cocspur burner) zugezogen.*) Es sind in sämtlichen Gebäuden überhaupt 271 argandsche und 653 mehrstrahlige Brennmündungen im Gange. Von ersteren giebt jede eine Beleuchtung wie vier Lichter obiger Art, von letzteren wie zwei und ein Viertheil; so daß die vorerwähnte Helligkeit von 2500 Lichtern noch um etwas übertroffen wird. Diese sämtliche Brennmündungen verzehren stündlich 1250 Cubikfuß Cannelkohlengas, indem man diese Kohlengattung, ohnerachtet des höheren Preises, vorzugsweise anwendet, weil sie ein Gas von besserer Beschaffenheit in größerer Menge erzeugt.

Die Brennzeit des Gaslichtes kann, nach einem jährigen Durchschnitt, wenigstens auf 2 Stunden täglich (in 24 Stunden) angenommen werden. In einigen Mühlen wo mehr zu thun ist, auf 3 Stunden, und in den wenigen wo Tag und Nacht gearbeitet wird, auf 12 Stunden täglich. Wenn man indeß bei der gewöhnlichen Durchschnittszeit von 2 Stunden täglich stehen bleibt, so werden in der Manufactur der Herrn Philips und Lee täglich 1250 + 2 = 2500 Cubikfuß Gas verbrannt, zu deren Erzeugung die Retorte mit 700 Centner Cannelkohlen gefüllt werden muß. Der Centner der besten Wiggancannelkohle, (die gebrauchte Sorte) kostet mit Einschluß des Transports zur Mühle 13½ Pence (die Tonne 22 Schill. 6 Pence) also 700 Centner etwa 8 Schilling. Diese mit der Anzahl der Werktage im Jahre (313 Tage) multiplicirt, giebt einen jährlichen Verbrauch von 110 Tonnen, und einen Kostenaufwand von 125 Pf. Sterl. Etwa ein Drittheil dieser Quan-

*) In dieser Uebersetzung werden jene: argandsche Brennmündungen; diese mehr- oder vielstrählige Brennmündungen genannt werden, bis jemand einen passenderen Namen vorschlägt. A. d. U.

tität, nehmlich 40 Tonnen guter gemeiner Steinkohlen, wovon die Tonne 10 Schilling kostet, wird zur Feurung der Retorte erfordert, deren Kosten sich also jährlich auf 20 Pfund belaufen.

Aus obigen 110 Tonnen Cannelkohlen werden durch die Destillation ohngefähr 70 Tonnen gute Coakes gewonnen, welche an Ort und Stelle für 1 Schilling 4 Pence der Centner verkauft werden, also eine jährliche Einnahme von 93 Pfund gewähren.

Ferner werden aus jeder Tonne Cannelkohlen 10 bis 12 Gallonen Theer erhalten, also das Jahr hindurch etwa 1250 Gallonen, welche indeß bis jetzt noch nicht verkauft sind, daher ihr Werth nicht bestimmt werden kann.

Die Zinsen von dem zur Einrichtung des nöthigen Apparats verwendeten Capital, sind nebst den jährlichen Abnutzungs- und Reparatur Kosten, von Herrn Lee, nach einer reichlichen Berechnung auf 550 Pfund jährlich angegeben. Sie fällt zwar etwas höher aus; er hat indeß aus dem Grunde sie verhältnißmäßig geringer angegeben, weil sein ganzer Apparat ursprünglich nach einem größeren Maaßstabe angelegt ist, als es nach der geringeren Quantität von Licht, wovon er nur Gebrauch machen kann, nöthig gewesen sein würde.

Herr Lee ist der Meinung, daß die Aufsichtskosten sich bei einer Licht-Erleuchtung eben so hoch belaufen würden, als bei der Gaserleuchtung, so daß bei der Berechnung die Kosten gleich gesetzt, und außer Acht gelassen werden können.

Die Kostenberechnung für ein Jahr kömmt also folgendergestalt zu stehen:

110 Tonnen Cannelkohlen kosten	125 Pfund.
40 Tonnen gemeiner Kohlen zur Feurung	20
Summa	145

Transport . . . 145

Davon geht ab der Werth von 70 Tonnen Coakes 93

Beträgt also die ganze jährliche Ausgabe für Kohlen, ohne die Theerbenutzung in Anschlag zu bringen 52

Dazu die Zinsen des Einrichtungs-Kapitals und die jährliche Unterhaltung . . . . 550 Pfund.

Betragen also die ganzen Kosten der jährlichen Gaserleuchtung etwa 600

Dagegen würde die zur Hervorbringung derselben Helligkeit erforderliche Lichterleuchtung kosten 2000 Pfund welche Summa ohngefähr herauskömmt, wenn man nach dem vorhergehenden rechnet, daß jedes Licht in einer Stunde $\frac{4}{10}$ Unzen Talg verliert, daß im Durchschnitt 2 Stunden täglich Licht gebrannt wird, und, wie jetzt, das Pfund einen Schilling kostet. Nimmt man dagegen an, daß im Durchschnitt täglich drei Stunden erleuchtet wird, welches im Ganzen vielleicht der Wahrheit näher kömmt, und daß die Unterhaltungskosten etwa dieselben bleiben, so würden doch die Kosten der Gaserleuchtung nicht über 650 Pfund Sterling betragen, wogegen die Talgerleuchtungskosten auf 3000 Pfund sich erhöhen werden.

Herr Ackermann hat in unsrer Hauptstadt bewiesen, daß die Gaserleuchtung nicht blos bei großen Manufacturen sondern auch bei kleineren Etablissements, Anwendung findet. Die ganze Anlage des Herrn Ackermann bestehend aus seinem öffentlichen Buchladen, Niederlage, Buchdruckerei und Arbeitszimmer, ist die letzten vier Jahre hindurch, nebst seinem Wohnhause, von der Küche an bis zum kleinsten Nebenzimmer, mit gänzlicher Ausschließung alles anderen Lichts, durch Kohlengas erleuchtet. Der folgende Brief wird darüber näheren Ausschluß geben;

An Herrn Accum.

Mein Herr!

Zur Beantwortung ihrer Anfrage wegen der Gaserleuchtung in meinem Hause, melde ich Ihnen, daß ich zwe Retorten zusammen mit 240 Pfund halb Kannel- und halb Newkastle Kohlen fülle, und davon 1000 Cubikfuß Gas gewinne. Um diese Quantität zu erhalten, feure ich, wenn die Retorten ganz kalt sind, mit 100 bis 110 Pfund gemeinen Kohlen; aber wenn die Retorten einmahl in Arbeit d. h. rothglühend sind, so bedarf ich nur 25 Pf. für jede Retorte. Das hiervon entwickelte Gas versorgt 40 argandsche Brennmündungen von der größeren Art, vier Stunden täglich, während der langen Winterabende, und außerdem 8 argandsche und etwa 22 einzelne mehrstrahlige Brennmündungen 3 Stunden täglich. Ferner gebrauchen meine Drucker täglich zehn Stunden hindurch 16 mehrstrählige Brennmündungen, anstatt Holzkohlen, um ihre Platten zu wärmen. Mitten im Winter werden täglich zwei Retorten gefüllt; im Durchschnitt aber nur 365 Retorten in 365 Tagen.

Nun erfordern 365 Retorten jede zu 120 Pf. 43800 Pf., oder 10 Caldrons Newcastle- und 8 Tonnen Cannelkohlen.

	Pf.	Schil.	Pen.
10 Caldrons Newcastle-Kohlen zu 65 Schilling kosten	32	10	„
8 Tonnen Cannelkohlen *) (welche nach dem Gewicht verkauft werden) zu 100 Schilling per Tonne	40	„	„
Summa . . .	72	10	„

*) Obgleich die Cannelkohlen fast doppelt so theuer sind als die von Newcastle, gebrauche ich sie doch vorzugsweise, weil sie mehr Gas und helleres Licht geben.

		Pf.	Schil.	Pen.
Transport		72	10	"
7 Caldrons gemeine Steinkohleu zur Feurung zu 55 Schilling		19	5	"
Lohn zur Bedienung des Gasaparats		30	"	"
Zinsen vom Einrichtungs-Kapital		30	"	"
Die Unterhaltungskosten rechne ich nicht, weil sie der Lampen- und Leuchter-Unterhaltung bei der Lampen- und Licht-Erleuchtung ohngefähr gleichkommen.				
Summe der brutto Kosten		151	15	"
Davon gehen ab 23 Caldrons Coke zu 60 Schilling .	69 — "			
Ammoniac-Liquor ...	5 — "			
Theer	6 — "			
Holzkohlen zur Erwärmung der Platten würden jährlich kosten	25 — "			
Auch gebrauche ich seit der Gaserleuchtung jährlich zwei Caldrons Kohlen weniger zur Heitzung zu 65 Schilling .	6 — 10	111	10	"
bleiben also netto Kosten ..		40	5	"
Vorher verbrauchte ich in meinen Etablissement jährlich an Licht		160	"	"
Jetzt kostet mir die Gaserleuchtung		40	5	"
welches mir eine jährliche Ersparniß giebt von		119	15	"

Dieses ist die einfache Darlegung meiner jetzigen Erleuchtungsmethode, deren Helligkeit sich gegen die frühere Lichterleuchtung, wie der Sonnenschein eines heiteren Sommertages, gegen einen neblichten Novembertag verhält. Auch werden wir nicht wie vorher, durch die Ausdünstungen der Holzkohlen, der Lichter und Lampen, fast erstickt. Ueberdies belief sich der jährlich durch das Ueberlaufen des Oels und Talges an Kupferstichen, Zeichnungen, Büchern, Papier ꝛc. verursachte Schade, auf 50 Pfund. Alle Arbeiter meines Etablissements betrachten die Gaserleuchtung als die grösseste Wohlthat, und ich bemerke nur noch, daß wenn ich durch Argandsche Lampen oder Lichter eine ähnliche Erleuchtung als meine jetzige hervorbringen wollte, dieses wenigstens 350 Pfund jährlich kosten würde.

Mit Hochachtung
Ihr Ackermann.

Strand d. 13ten März 1815.

Ein zweiter Manufactur-Inhaber, welcher mit zuerst die Gaserleuchtung im Kleinen anwendete, und dem Publikum eine Berechnung der Vortheile vorlegte, ist Herr Cook in seiner Fabrik von kurzen Metallwaaren in Birmingham, ein helldenkender verständiger Mann, der bei seinen Unternehmungen nicht durch chimärische Speculationen, sondern durch einfache Gewinn- und Verlust-Balancen geleitet wird. Es herrscht in seiner Darstellung eine Naivität, welche den Leser unterrichten und zugleich unterhalten wird.

Mein Apparat besteht in einem etwa 8 Gallonen haltenden Topf von gegossenem Eisen, mit einem Deckel von demselben Material, den ich mit Sand verlutire. In diesen thue ich die Kohlen. Ich treibe das Gas durch Wasser in den Gassammler *) oder Behälter, der etwa 400 Gallonen faßt; und leite es dann vermittelst alter Flinten-

*) Die Englische Benennung Gazometer, ist nicht passend, weil sie eine ganz andre Bestimmng andeutet.

A. D. U.

läufe durch alle meine Niederlagen. Nun ziehe ich aus 20 bis 25 Pf. Kohlen etwa 600 Gallonen *) Gas, also bin ich genöthiget, wenn mein Behälter voll ist, den Ueberschuß ungenutzt zu verbrennen, wenn nicht grade Arbeit genug zu dessen Verbrauch vorhanden ist. Aber gewöhnlich wird das Gas gleich bei der Entwickelung verbraucht, so daß ich auf 50 bis 100 Gallonen meiner Angabe nicht gewiß bin. Gewiß ist es aber, daß die Menge des entbundenen Gases großentheils von der Beschaffenheit der Kohlen abhängt, da eine Sorte weit mehr giebt, als die andre. Diese 25 Pf. Kohlen in der Retorte, so wie 25 Pf. zur Feurung unter derselben, (welches mehr sind als im Durchschnitt erfordert wird, aber meine Absicht ist das äußerste anzugeben) kosten täglich vier Pence. Mit diesen 4 Pencen täglich brennen wir 18 bis 20 Lichter den Winter hindurch. Dadurch werden die Lichter, welche Herr Cook früherhin mit einem Kostenaufwand von 3 Schillingen täglich gebrauchte, völlig ersetzt. Außerdem kosteten ihm das Oel und Dochte zum Löthen jährlich volle 30 Pf., die auch ganz erspart werden; da er blos bei der Gasflamme löthet. Denn sagt er: überall wo das Löthrohr mit Oel und Docht angewendet wird, oder Holzkohlen zur Hervorbringung einer mäßigen Hitze gebraucht werden, ist die Gasflamme weit vorzüglicher, sowohl für die Schnelligkeit als Sauberkeit der Arbeit. Die Flamme ist schärfer und immer zum Gebrauch fertig, anstatt daß der Arbeiter, wenn er bei einem Lampendocht oder bei Holzkohlen löthet, beständig genöthiget ist, die Feurung zu reguliren, bis der Grad derselben der Arbeit angemessen ist. So wird immer eine große Menge Oel unnütz verbrannt, anstatt daß die Gasflamme fertig ist, sobald der Hahn geöffnet wird, und kein Augenblick verloren geht. Wir müssen uns noch

*) Eine Weingallone hält 231 Cubikzoll.

auf den Brief des Herrn Cook in Ansehung der Kosten beziehen, welche er mit dem genauesten Detail angiebt, und dabei jederzeit mehr zum Nachtheil des Gases sich hinneigt. Das Resultat des ganzen ist, daß er von den 50 Pfund welche seine frühere Erleuchtung ihm kostete, jährlich 30 Pfund erspart; und wenn wir erwägen, daß in seiner Gaserleuchtung für das ganze Jahr, die Lichterleuchtung aber nur für 20 Wochen angesetzt ist, so ist wohl kein Zweifel, daß seine Ersparniße mit den in den übrigen Berechnungen angenommenen, fast auf eins hinaus laufen.

Selbst bei einem noch kleineren Apparat wird nach Hr. Cooks Versicherung immer eine bedeutende Ersparung statt finden. Denn der Arme, welcher nur 6 Lichter oder eine Lampe brennt, wird den Apparat auf dem wohlfeilsten Wege für 10 bis 12 Schilling anschaffen können, und diese großentheils wo nicht gänzlich im ersten Jahre gewinnen.

Nachdem Herr Ackermann hier das erste Beispiel der Gaserleuchtung im Kleinen gegeben hatte, folgten bald mehrere nach. Die folgende Angabe wird zeigen, daß das Gaslicht auch noch mehr im Kleinen mit dem größesten Vortheil gebraucht werden kann, wo nicht etwa eine besondere Nettigkeit des Apparats verlangt wird. Die folgende Berechnung habe ich von den Herren Loyd Fingerhuthfabrikanten und Klempner in Queenstreet, Southwark, erhalten, welche sich die letzten 5 Jahre hindurch des Gaslichts zum Löthen und anderen Arbeiten bedient haben.

Von 7 Pecks oder 1 Bushel Kohlen, 69 Pfund wiegend, wofür wir jetzt (1809) 1 Schilling bezahlen, gewinnen wir 4 ¼ Pecks Cokes, und ½ Peck unverkohlte Steinkohle bleibt im Destillirgefäß zurück, welche mit der Coke zusammen 58 Pf. 6 Unzen wiegt, und zu 1 Schilling per

Bushel werth ist	1	Schil.	4	Pen.
Ferner gewinnen wir 4 Unzen Theer, den wir als Mark gebrauchen *), und dadurch ersparen	1	—	„	—
	2	—	4	—
Davon der Werth der Steinkohlen .	1	—	„	—
Bleibt Ueberschuß für Coke und Theer	1	—	4	—
Das Gas, welches aus den 4 Pecks entbunden ist, unterhält 42 glänzende Lichter 7 Stunden hindurch. 42 Talglichte, welche vorher eben so lange in unserer Werkstatt brannten, wogen 7 Pfund, und kosteten à 1 Schilling per Pf. . . .	7	—	„	—
Also Gewinn bei jedem Bushel Kohlen	8	—	4	—

Die Brennmündungen welche wir in unserer Fabrik gebrauchen, geben Flammenströme, welche bei unserem Geschäft, wo viel mit dem Löthrohr gelöthet werden muß, einen entschiedenen Vorzug vor den argandschen Lampen gewähren. In Ansehung der Güte des Gases sind wir eben nicht ängstlich. Ein großer Theil desselben wird vom Gassammler aus, bevor es darin gereinigt ist, verbrannt, weil unser Gassammler nicht groß genug ist, den ganzen zu unsrer Arbeit nöthigen Gasvorrath aufzubewahren.

*) Im Englischen pith wovon dem Uebersezer keine andre Bedeutung bekannt ist.

A. d. U.

Drittes Kapitel.

Theorie der Gaslichterzeugung und Beschreibung eines tragbaren Apparats zu Versuchen im Kleinen.

Um Kohlen-Wasserstoffgas oder Kohlengas zu erhalten, und zur Erleuchtung anzuwenden, werden große eiserne Cylinder oder Retorten mit Steinkohlen gefüllt, an deren Mündungen eiserne Röhren angebracht sind, welche sich in einem oder mehreren Gefäßen endigen, die zur Reinigung und Aufbewahrung des Gases bestimmt sind.

Sobald die Retorten mit Kohlen gefüllt und luftdicht gemacht sind, werden sie auf das Feuer gesetzt, dessen Einwirkung die gasartigen Bestandtheile aus den Kohlen abscheidet, jedoch in Verbindung mit einem wässrigen ammoniacalischen Dunst, einem zähen harzigen Fluido oder Theer u. s. w. Die Fluida werden in schicklichen Gefäße aufgefangen, die Gasarten aber durch Röhren in den Gassammler geleitet, worin das Kohlengas gewaschen wird, und zum Gebrauch fertig zurückbleibt. Vom Gassammler aus laufen wieder andre Röhren, welche in engere Verzweigungen sich verbreiten, und an den Plätzen endigen, wo man der Erleuchtung bedarf. Die Mündungen dieser Röhren sind mit engen Oeffnungen versehen, aus welchen das Gas sich ergießt, und wenn diese Gasströme angesteckt werden, brennen sie an diesen Mündungen mit einer hellen und gleichförmigen Flamme fort, so lange das Gas zu strömen fortfährt. Alle vom Gassammler auslaufende Röhren sind an ihren Enden mit Hähnen versehen, um dadurch den Zufluß des Gases zu reguliren. Die Mündungen selbst sind verschiedentlich gestaltet; bald als eine Röhre mit einem einfachen Mundloch am Ende, wodurch das Gas in einen einzigen Strom sich ergießt, und die mit dem gleichförmigsten und regelmäßigsten Lichte brennen; bald bestehen sie aus zwei concentrischen Röhren von Messing oder Eisenblech, die in geringer Entfernung von einander abstehen, und am Boden geschlossen sind. Das zwischen diesen beiden Cylindern circulirende Gas, bildet eine Flamme wie die Argandsche Lampe, welche in der gewöhnlichen Art, durch einen inneren und äußeren Luftstrom genährt wird. Oder die beiden concentrischen Röhren sind am äußeren Ende mit einem eng durchlöcherten Ringe verschlossen, wodurch das Gas entweicht, und solchergestalt abgesonderte dünne Lichtströme bildet.

Der auf der Kupferplatte Nr. II. abgebildete Apparat ist sehr bequem, um im Kleinen diese neue Erleuchtungsart deutlich zu machen, und kann zugleich gebraucht werden, um mit geringen Unkosten die Vortheilhaftigkeit verschiedener Kohlengattungen zu vergleichen, welche man zur Gaserleuchtung benutzen will, oder andre auf die Gaserleuchtung Bezug habende Versuche anzustellen.

Dieser Apparat besteht aus drei abgesonderten Haupttheilen, nehmlich:

1) einem tragbaren Ofen Fig. 1. zur Bereitung des Gases;

2) einem Reinigungs- oder Verdichtungsgefäß, Fig. 2. zur Reinigung und Absonderung der verschiedenen aus den Kohlen entwickelten Producte, wodurch das Gas zum Erleuchtungsgebrauch geschickt gemacht wird.

3) einem Gassammler Fig. 3 oder Behälter zur Sammlung und Aufbewahrung des gereinigten Gasvorraths, aus welchem es nach dem Bedarf geleitet und vertheilt wird. Die folgende Beschreibung wird die Beschaffenheit dieses tragbaren Zimmerapparats vollständig erläutern.

a. Ist eine Retorte von gegossenem Eisen, wie sie zu chemischen Operationen im Kleinen üblich ist. Diese Retorte ruhet auf einem Dreifuß von geschmiedetem Eisen, welcher auf die Stangen des Rostes des chemischen Ofens gestellt wird. In diese Retorte werden die Kohlen geschüttet, aus welchen das Gas entbunden werden soll. Sie ist mit einem starken eisernen Stöpsel verschlossen, welcher luftdicht in ihrer Mündung befestiget wird; und dieser Stöpsel wird durch einen mitten darüber hinlaufenden eisernen Keil an seiner Stelle festgehalten. Vermittelst dieses andrückenden Keils kann die Mündung der Retorte leicht luftdicht verschlossen werden, so wie durch dessen Herausziehen der Stöpsel ohne Schwierigkeit geöffnet werden kann. b ist eine metallne Röhre, welche alle Producte der Destillation aus der Retorte in den Reiniger Fig. 2. leitet.

Dieser Reiniger ist in 3 verschiedene Abtheilungen welche c. d. e bezeichnet sind, getheilt. Die erste Abtheilung c. ist mit Wasser gefüllt, und dient eine luftdichte Gemeinschaft mit der Retorte zu unterhalten.

Die zweite Abtheilung d enthält eine Auflösung von ätzendem Alcali (Potasche) aus etwa 2 Theilen Potasche und 16 Theilen Wasser bestehend, oder auch eine Mischung von ungelöschtem Kalk und Wasser von der Consistenz einer dünnen Sahne. Der Zweck dieser Abtheilung ist, das nicht brennbare Gas und andre bei der Destillation mit übergehende fremdartige Bestandtheile von dem gekohlten

Wasserstoff- oder Kohlengas zu trennen, und es solchergestalt zum Gebrauch geschickt zu machen.

Die dritte untere Abtheilung e bleibt leer, um darin den Theer und andre Fluida aufzusammeln.

In die erste Abtheilung c werden alle durch die Destillaton sich entwickelnde gasartige und flüssige Uebergänge durch die Röhre b geführt. Die Abtheilung d oder der Alcalibehälter und eigentliche Reiniger, ist mit einer weiten perpendiculären Röhre versehen, welche dazu dient, eine luftdichte Communication mit der Retorte zu bilden, indem sie so eingerichtet sein muß, daß die Röhre b willig hindurch geht. Aus dem ersten Behälter c werden die flüssigen und gasartigen Producte in den Theerbehälter oder in die Abtheilung e, durch die herablaufende Röhre f geführt. Der Theer und die dichteren Substanzen bleiben nun in e zurück, während die leichteren Gasarten allein aus dieser Abtheilung er durch die aufsteigende Röhre g sich erheben, und dann wiederum durch die am Ende verschlossene Röhre h in die Abtheilung d geleitet werden. Auf diese Weise wird das Gas aus der Abtheilung e aufwärts in die Röhre g, und dann wieder abwärts in die Abtheilung d geleitet, und in Berührung mit dem in dieser Abtheilung enthaltenen Reinigungs-Liquor gebracht, wo es einem Drucke entgegenwirkt, welcher sich wie die perpendiculäre Höhe obiger Liquor-Säule verhält. Der Trichter in der Abtheilung c ist bedeutend höher als der Reinigungsapparat, erlaubt also der darin enthaltenen Flüssigkeit dem Druck des Gases nachzugeben, darin aufzusteigen ohne überzulaufen, und wiederum zu sinken, wenn der Druck nachläßt.

i ist ein andrer Trichter mit einer weiten Oeffnung, wodurch die Abtheilung d mit der alcalinischen oder Kalkauflösung gefüllt wird. Solchergestalt wird das durch die

Destillation entwickelte Kohlensaure-Gas und das geschwefelte Wasserstoffgas gezwungen, sich mit dem Alcali oder Kalk in der Abtheilung d zu verbinden, wo es kohlen- und hydrotionsauren Kalk bildet. Das hiedurch mehr oder weniger gereinigte gekohlte Wasserstoffgas, wird nun durch die Röhre k in den Gassammler Fig. 3 geführt. Die Verbindung des Reinigers Fig. 2 mit dem Gassammler Fig. 3 wird durch ein gewöhnliches Wasserventil l bewirkt, welches so angebracht ist, daß die Communicationsröhre **k** ohne Schwierigkeit beliebig weggenommen werden kann.

m ist ein Hahn, um den Theer abzuziehen u. s. w. **n** ist ein anderer Hahn um die Höhe der Flüssigkeit in der Abtheilung d zu reguliren.

Der Gassammler Fig. 3 dessen Zweck die Aufbewahrung des Gases ist, besteht wiederum aus 2 Haupttheilen, nehmlich einem großen Gefäß im Inneren, welches die Bestimmung hat, das Gas aufzunehmen, und einem äußeren noch größeren Gefäß oder Cisterne, in welchem das vorerwähnte aufgehängt ist, und welches dazu dient, Wasser aufzunehmen, um das Gas einzusperren.

Das innere Gefäß oder der Gasbehälter ist durch Ketten oder Seile, welche über Rollen laufen aufgehängt, an welche so viel Gewichte befestigt sind, daß sie das Gefäß beinahe aufwiegen. o ist eine Röhre welche mit dem Wasserventil l in Verbindung steht, durch welche das Gas aus dem Reiniger Fig. 2 in den Gassammler übergeht. Das obere Ende dieser Röhre ist mit einem am Boden offenen cylindrischen Gefäße p wie mit einer Kappe bedeckt, aber zum Theil in das Wasser, welches die äußere Cisterne des Gassammlers enthält, eingetaucht, und ohnweit des unteren Randes mit vielen engen Löchern durchbohrt. Das Gas vertreibt das Wasser aus diesen Recipienten p, entwischt durch die kleinen Löcher, und steigt in Blasen durch das Wasser in die Höhe, welches ihrer Bewegung eine große Oberfläche entgegen setzt, damit das Gas desto reiner gewaschen wird ɛc.

Wenn das Gas auf diese Art durch das Wasser getrieben ist, steigt es in den eigentlichen Gasbehälter, welcher aufgehängt ist, um durch die Ketten, Rollen und Balancirgewichte q auf und nieder bewegt werden zu können. Durch die Mitte des Gassammlers geht eine Röhre r herab, welche eine engere s in sich schließt, die an den Boden der Cisterne perpendicular befestiget ist. Die feste Röhre r dient dazu, den Gasbehälter immer in perpendicularer Richtung zu erhalten. t ist eine eiserne, im Mittelpunkt des inneren Gefäßes befestigte Röhre, welche mit der perpendicularen Röhre s im äußeren Gefäße Verbindung hat. Diese Vorrichtung nöthiget das Gas in die Röhre t zu treten, und dient zugleich den Gasbehälter in grader Richtung zu erhalten, wenn er aus der äußeren Cisterne beinahe herausgetreten ist.

Wenn die Operation anfängt, hängt der Gasbehälter tief, beinah in gleicher Höhe mit dem Wasserstande in der äußeren Cisterne, und ist folglich mit Wasser angefüllt. Aber sobald das Gas eintritt, steigt er in die Höhe, um es aufzunehmen. Es ist wichtig, daß die Balanciergewichte q q nicht völlig so schwer sind, als der Gasbehälter, damit einiger Druck entsteht, um das Gas mit einem angemessenen Schuß aus den Brennmündungen zu heben.

Das Gas tritt, wie schon gesagt, aus der Retorte in das Reinigungsbehältniß, und aus diesem durch die Röhren k und o in den Recipienten p, aus welchem es das Wasser vertreibt, und dann wie schon beschrieben aus den kleinen Löchern durch das Wasser in den Gasbehälter aufsteigt, und ihn höher hebt. Aus diesem strömt es dann durch die Brennmündungen u u ins Freie über.

In dieser Art geht der Prozeß fort, bis aus den Kohlen in der Retorte alle flüchtige Theile übergetrieben sind.

Der Nutzen des Gassammlers besteht darin, daß dadurch eine gleichförmige Ausströmung des Gases durch die Brennmündungen bewirkt wird, da es aus der Retorte zu einer Zeit schneller als zur anderen übergeht. Wenn dieses sich ereignet, erhebt sich das innere Gefäß um es aufzunehmen, und wenn das Zuströmen aus der Retorte sich vermindert, so wirkt das Gewicht des Gasbehälters, um seinen Inhalt gleichförmig auszutreiben. Nach beendigtem Prozeß läßt man die Retorte abkühlen, und nimmt den Stöpsel ab, um sie von neuem mit Kohlen zu füllen. Der Rückstand in der Retorte ist Coke. v v sind Hähne welche dazu dienen, irgend eine Flüssigkeit, welche sich in den Röhren o oder t sammlen sollte, abzulassen. Denn wenn der freie Durchgang des Gases zu den Brennmündungen durch die kleinste Menge Flüssigkeit erschwert werden sollte, so würden die Flammen nicht gleichförmig brennen. Sie würden wie man es nennt, tanzen, oder ganz verlöschen. x ist der Haupthahn zur Verbindung mit den Brennmündungen, welche nach dem Bedürfniß angebracht werden können. z z sind zwei Hervorragungen am oberen Theile des Gasbehälters, welche bloß die Bestimmung haben, den Recipienten p und das obere Ende der Röhre t aufzunehmen, wenn der Gasbehälter gänzlich in die Cisterne eingetaucht ist. Die Rollen des Gassammlers, sind mit einer Rinne versehen, damit die Glieder der Ketten sich frei bewegen können.

In diesem Apparat ist keine Vorrichtung angebracht, gegen den ungleichen Druck welchen das Gas erleidet, je nachdem der Gasbehälter mehr oder weniger tief in das Wasser getaucht ist. Es ist nöthig zu bemerken, daß bei diesem Apparat das Gewicht des inneren Gefäßes immer in dem Verhältniß zunimmt, als es sich mit Gas füllt, und aus dem Wasser erhebt; daß folglich, wenn ein unveränderliches Gegengewicht angebracht wird, welches bloß dem Gewicht des Gasbehälters im ersten Moment des Aufsteigens gleich ist, das Gas durch das überschießende Gewicht des Gasbehälters einen immer zunehmenden Druck erleidet; und wenn der Druck oder die Quantität des Gases nun bloß nach dem Raum den er einnimmt geschätzt wird, ohne diesen zunehmenden Druck in Anschlag zu bringen, so muß ein wesentlicher Irrthum entstehen, und dieses würde bei der Anwendung im Großen unübersteigliche Hindernisse bei Regulirung der Stärke der Flammen erzeugen, welche nicht würde gleichförmig gemacht werden können. Wenn man annimmt, daß die Cisterne oder der äußere Behälter ganz mit Wasser, und der innere, oder Gasbehälter, zum Theil mit Gas zum Theil mit Wasser gefüllt ist, so können die Balancirgewichte leicht so eingerichtet werden, daß ein vollkommnes Gleichgewicht entsteht, so daß weder die äußere Luft streben wird, in den Gasbehälter einzudringen, noch das Gas daraus zu entweichen; und in diesem Fall wird das Wasser im inneren und äußeren Behälter völlig gleich hoch stehn. Vermindert man dagegen die Balancirgewichte, so wird der Gasbehälter durch seine eigne Schwere nach unten drücken, und das Wasser in demselben niedriger stehen, als in der Cisterne. In diesem Fall wird also das Gas einen stärkeren Druck erleiden, als von der äußeren Luft, und dieser wird sich genau wie das Gewicht einer Wassersäule verhalten, welche so hoch ist als die Differenz des inneren und äußeren Wasserstandes. Um diesem Uebelstande der Gewichtszunahme des Gasbehälters abzuhelfen, und eine Scale mit gleichen Graden passend zu machen, haben einige das scharfsinnige Mittel vorgeschlagen, die Kette über eine spiralförmige Rolle zu leiten, wodurch das Uebel stufenweise vermindert werden würde; es wird aber nachher noch von den besten Mitteln zu Erreichung dieses Zweckes die Rede sein.

Durch die Erzeugung des Kohlengases wird bewiesen, daß die Steinkohle, Wasserstoff, Kohlenstoff und Sauerstoff in festem Zustande enthält. Wenn die Hitze einen gewissen Grad erreicht hat, verbindet sich ein Theil des Kohlenstoffes mit einem Theil des Oxygen, und erzeugt Kohlensäure, welche vermittelst des Wärmestoffes zu Gas ausgedehnt wird, und kohlensaures Gas bildet. Zugleich verbindet sich ein Theil des Hydrogens mit einem anderen Theile Kohlen- oder Wärmestoff, und bildet das gekohlte Wasserstoffgas dessen Beschaffenheit nach den bei der Erzeugung obwaltenden Umständen, sehr verschieden ist. Außerdem erzeugt sich noch während des Processes etwas ölerzeugendes Gas, oxydirtes Kohlengas, Wasserstoff und geschwefeltes Wasserstoffgas.

Die Quantitäten dieser Erzeugniße sind nach der Beschaffenheit der gebrauchten Kohlen verschieden.

Steinkohle ist indeß nicht die einzige Substanz, welche gekohltes Wasserstoffgas liefert, indem dasselbe auf vielen anderen Wegen, und mit bedeutenden Verschiedenheiten in Ansehung der specifischen Schwere und des Verhältnißes seiner Bestandtheile, gewonnen werden kann.

Man findet es auch von der Natur zubereitet in stehenden Gewässern, Sümpfen, nassen Gräben ꝛc. aus, welchen man bei heißem Wetter große Gasblasen aufsteigen sieht, welche man nach Belieben vermehren kann, wenn man den sumpfigen Boden mit einem Stocke umrührt.

Wenn mqn an einem trüben stillen Abend ein brennendes Licht über einen solchen Sumpf hält, wird man zuweilen bemerken, daß Blitze von einer blauen Flamme in bedeutender Entfernung auf dem Wasserspiegel hinschießen.

Wahrscheinlich beruhet alles was in den Erzählungen von dem ignis fatuus nicht fabelhaft ist, auf dieser Erscheinung. Diese Gasart wird zur Unterscheidung gewöhnlich brennbares Sumpfgas genannt. In seiner reinsten Beschaffenheit ist es mit ohngefähr 20 p. Cent Azote oder salpetererzeugenden Stoff gemischt. Um dieses Gas zu physicalischen Belustigungen zu sammeln, fülle man eine Flasche mit weitem Halse mit solchem Sumpfwasser, tauche sie mit einem großen Trichter versehen umgekehrt in den Sumpf, rühre dessen Boden grade unter dem Trichter auf, so daß die aufsteigenden Blasen in die Flasche treten so lange bis das Wasser ausgetrieben und die Flasche voll Luft ist.

Eben so erhält man das gekohlte Wasserstoffgas in Menge aus allen Vegetabilien, wenn man sie einem Grade der Hitze unterwirft, wodurch sie zersetzt werden. In verschlossenen Gefäßen entwickelt sich daraus weit mehr Gas, als in freier Luft. Wenn nasse Holzkohlen in einer irdenen Retorte geglühet werden, erzeugt sich ein Gas, welches aus Kohlensäure und gekohltem Wasserstoffgas besteht. Ein ähnliches Gas entsteht, wenn Dämpfe durch eine mit glühenden Holzkohlen gefüllte Röhre getrieben werden, wenn man Weingeist oder Kampfer durch rothglühende Röhren treibt, und wenn man Oel, Knochen, Wachs, Talg, kurz jede animalische oder vegetabilische Substanz destillirt.

Es würde in der That ein endloses Verzeichniß werden, wenn man alle Grundlagen dieses Gases aufzählen wollte. Eine sonderbare Abart ist durch die vereinigten holländischen Chemiker (van Deiman, Trooſtwyk ꝛc.) entdeckt. Es wird aus Aether oder Alkohol erzeugt, und hat die merkwürdige Eigenheit, daß es ein schweres Oel erzeugt, wenn man es mit übersaurem Salzsaurengas (Chlorin) in Berührung bringt; weshslb man es ölig gekohltes Wasserstoffgas oder ölerzeugendes Gas benannt hat Es besteht aus Kohlen = Wasserstoffgas mit Kohlenstoff übersättiget.

Das erzeugte Oel ist schwerer als Wasser, weißlich und halb durchsichtig. Mit der Zeit wird es gelb und ganz durchsichtig. Sein Geruch ist sehr angenehm und durchdringend; der Geschmack süßlich. Es ist zum Theil in Wasser auflößlich, und theilt demselben seinen eigenthümlichen Geruch mit. Etwas von diesem Gase ist jederzeit mit dem gewöhnlichen Kohlengase verbunden, und diejenigen Kohlen, welche die größte Menge desselben hervorbringen, sind die vorzüglichsten zur Gasbeleuchtung.

Auch ist die Natur des gekohlten Wasserstoffgases aus Steinkohle nach anderen bei der Erzeugung obwaltenden Umständen sehr verschieden. Das zuerst übergehende ist jederzeit bedeutend schwerer als das letzte, (wenn gleich noch immer leichter als die atmosphärische Luft) und hält etwas Oel aufgelößt in sich; denn wenn man es eine Zeitlang über Wasser stehen läßt, wird es leichter, und bedarf zur Sättigung weniger Oxygen als vorher. Auch schlägt sich das darin enthaltene Oel nieder. Die mittlere specifische Schwere einer Mischung des zuerst und zuletzt übergegangenen Gases (welche als die mittlere Schwere dieses Gases überhaupt angenommen werden kann) verhält sich zur specifischen Schwere der atmosphärischen Luft, wie 2 zu 3.

112 Pfund gewöhnlicher Cannelkohlen geben wenigstens 350 bis 360 Cubikfuß Kohlen-Wasserstoffgas. Dieselbe Menge der besten Newcastlerkohlen, die der Coke ähnlich sind, welche im Feuer eine Art von halber Schmelzung erleiden, und glänzende Flammen ausströmen, geben im Durchschnitt 300 bis 360 Cubikfuß Kohlengas, und ausserdem eine Menge geschwefeltes Wasserstoffgas, Kohlenstoffoxydgas und Kohlensäure. Ein halber Cubikfuß von diesem Kohlen-Wasserstoffgas giebt frisch zubereitet, das heißt: noch den Antheil wesentlichen Oeles in sich enthaltend, welcher während seiner Entbindung erzeugt wird, so viel Licht, als 170 bis 180 Gran Talg, (das Gewicht wel-

welches ein brennendes Talglicht von $\frac{1}{6}$ Pfund in einer Stunde verliert.) Nun aber hat ein Pfund avoir du pois Gewicht 7000 Gran; folglich werden 6 Talglichter zusammen 1 Pfund wiegend, und eins nach dem andern verbrannt, (vorausgesetzt, daß in einer Stunde 175 Gran Talg verzehrt werden) $\frac{7000}{175} = 40$ Stunden vorhalten. Zur Hervorbringung desselben Lichts muß in einer Stunde ein halber Cubikfuß Kohlengas verbrannt werden, also 20 Cubikfuß in 40 Stunden, welche demnach ein Pfund Talglicht à 6 per Pfund ersetzen. 112 Pfund Cannelkohle geben, wie schon bemerkt, als Minimum 350 Cubikfuß Gas. Da nun 20 Cubikfuß Gas einem Pfund Talglicht gleich zu achten sind, so erleuchten 112 Pfund Cannelkohle soviel als $\frac{350}{20} = 17\frac{1}{2}$ Pfund Talglicht; und $\frac{112}{17} = 6\frac{2}{3}\frac{4}{5}$ Pfund Cannelkohle, so viel als 1 Pfund Talglicht.

In Ansehung der Newcastlerkohlen **) kann angenommen werden, daß ein Caldron Wall's-End-Kohlen im Großen bis 11000 Cubikfuß ungereinigtes Gas liefert, welches durch die Reinigung etwa zu 10000 Cubikfuß vermindert wird.

Die Quantität und Qualität des aus derselben Kohlengattung entwickelten Gases, hängt auch sehr von dem Grade der Hitze ab, der bei der Destillation angewendet wird. Wenn man es so einrichtet, daß das zugleich sich entwickelnde Oel und Theer die Seiten der rothglühenden Retorten berührt, oder es durch einen rothglühenden eisernen Cylinder treibt, wird eine Menge davon in Kohlen-Wasserstoffgas und in ölerzeugendes Gas zersetzt, und dadurch eine größere Menge Gas von demselben Kohlenquanto erhalten, als ohne diese Vorrichtung.***)

---

*) Im Original steht 6 $\frac{4}{10}$ Pfund, welches nicht genau berechnet ist. A. d. U.

**) Ein Caldron Newcastlerkohlen wiegt von 2850 bis 2978 Pf.

***) Ein Pf. Kohlentheer giebt 15 Cubikfuß gekohltes Wasserstoffgas mit einer Menge ölerzeugendem Gas vermischt.

Deshalb muß die Destillation der Kohle, (wenn Gaserzeugung der Hauptzweck ist) nicht zu schnell geschehen. Die gewöhnlichen Retorten zu Arbeiten im Großen fassen etwa 100 Centner Kohlen, und geben in der Regel, wenn sie vorher geheitzt sind, in 4 Stunden von jedem Pfund Kohlen 2½ bis 3 Cubikfuß Gas. Wenn aber die Kohlen darin nicht höher als 4 Zoll liegen, können in derselben Zeit 3½ bis 4 Cubikfuß vom Pfunde entwickelt werden.

Die zweckmäßigsten Retorten zu großen Gaserleuchtungsapparaten, sind (ohne den Hals) 8 Fuß lang, und haben oben einen Durchmesser von 12 Zoll, welcher nach unten bis zu 10 Zoll abnimmt. In größeren Gefäßen können die Kohlen nicht gut durchgeheitzt werden. Die vortheilhafte Benutzung solcher Nebenumstände, ist für Gaslicht-Manufakturen wichtiger als man glauben sollte, da sie auf die Güte und Menge des Gases von großem Einfluß sind. Wenn zum Beispiele bei einer dunklen, am Tage kaum bemerkbaren Glühhitze destillirt wird, giebt das gewonnene Gas nur ein schwaches Licht; wenn die Retorten bis zur dunkeln Röthe erhitzt werden, giebt das Gas ein glänzenderes, weniger gefärbtes Licht; steigert man die Hitze bis zur Kirschröthe, so brennt das Gas mit einer glänzend weißen Flamme. Ein noch höherer Grad der Hitze ist wiederum nachtheilig; denn wenn die Retorten bis fast weißglühend, also dem Schmelzen nahe, erhitzt werden, so brennt das Gas mit einer dünnen bläulichen, wenig leuchtenden Flamme *), oder wenn die Kohlen (wie zuweilen die Newcastler) viel Marcasit oder geschwefeltes Eisen enthalten, wird gleichzeitig eine große Menge geschwefelter Wasserstoff entwickelt, welcher zwar die Erhellungskraft des Kohlengases erhöhet, aber auch den Hauptnachtheil hat, beim Brennen

*) Es besteht vornehmlich aus oxydirtem Kohlengas und Wasserstoffgas.

einen unerträglich stickenden Geruch zu geben, welcher vorzüglich in niedrigen Zimmern bemerkbar wird.

Diese Bemerkungen über den Grad der Hitze finden auch bei der Destillation des Theeres Anwendung, er mag nun bei der ersten Destillation der Kohle im gewöhnlichen Wege gewonnen, oder mit einem Zusatz von frischen Steinkohlen zum zweitenmahle destillirt sein, ein gewöhnliches Verfahren, wenn man dieses Produkt nicht vortheilhafter benutzen kann.

Die zweckmäßigste Höhe des Kohlenlagers in der Retorte, sowohl um vorzügliches Gas zu erhalten, als um die größtmöglichste Menge in der kürzesten Zeit zu gewinnen, ist etwa 6 Zoll.

Die Helligkeit der Gasflamme vermindert sich etwas, wenn es lange über Wasser aufbewahrt wird, daher es am vortheilhaftesten gleich nach der Zubereitung und Reinigung zur Erleuchtung angewendet wird.

Die Temperatur der Atmosphäre hat auf das über Wasser aufbewahrte Gas ebenfalls Einfluß, und die Wärme erhöhet seine Elasticität. Bei zunehmender Wärme wird mehr Gas vom Wasser verschluckt, als bei abnehmender. Man rechnet, daß das Wasser, über welches reines Gas im Gassammler eingesperrt ist, etwa den 27ten Theil derselben verschluckt.

Die chemische Zusammensetzung des Kohlengases wird am besten untersucht, wenn man dasselbe vermittelst einer Blase und gebogenen messingenen Röhre in einem Gefäß mit Sauerstoffgas, über Kalkwasser in einer pneumatischen Wanne verbrennt. Dadurch werden zwei Produkte erhalten, nehmlich: Wasser und Kohlensäure. Daß Wasser erzeugt ist, läßt sich darthun, wenn man einen sehr dünnen Gaßstrom in eine lange trichterförmige, an beiden Seiten offene Röhre verbrennt. Die Existenz der Kohlensäure wird durch den häufigen Niederschlag des Kalkwassers bei obigem Versuche, bewiesen.

Wenn Kohlen-Wasserstoffgas mit Sauerstoffgas oder atmosphärischer Luft gemischt, und durch den electrischen Funken oder andere Mittel entzündet wird, so erfolgt eine mehr oder minder heftige Explosion, je nachdem mehr oder weniger kohliger Bestandtheil in dem Kohlenwasserstoff verdichtet ist; und der Rückstand besteht in Kohlensäure und etwas unverzehrtem Gas oder einem Ueberschuß von Sauerstoff, während das Wasser sich an den Wänden des Gefäßes in Tropfen sammelt. Es ist rathsam nur wenige Cubikzolle einer solchen Gasmischung auf einmahl zu entzünden, und wenn etwas oelerzeugendes Gas darunter sein sollte, würde auch diese geringe Menge sehr dicken gläsernen Flaschen Gefahr drohen. Im Moment der Explosion erscheint eine sehr lebhaft rothe Flamme. Die Masse erleidet plötzlich eine große Ausdehnung, zieht sich aber dann in einen weit geringeren Raum zusammen, als sie ursprünglich einnahm. Wenn die Kohlensäure durch Kalkwasser absorbirt war, so bleibt kein gasartiger Rückstand, als etwa zufällige Unreinigkeiten. Obgleich das gekohlte Wasserstoffgas zuweilen von der Natur in den Kohlenminen erzeugt wird, und zufällig mit gemeiner Luft gemischt, fürchterliche Explosionen hervorbringt, so explodirt doch das Kohlengas mit gemeiner Luft gemischt, nicht ehr, als bis es mit derselben ohngefähr in dem Verhältniß wie 1 zu 10 steht.

Dieses wären die vornehmsten chemischen Eigenschaften dieses Gases. Auch sind alle Varietäten des Kohlen-Wasserstoffgases brennbar, aber in verschiedenem Grade, wie die verschiedene Helligkeit ihrer Flamme beim Brennen darthut.

Die Herren Sobolewsky und Horrer in Petersburg, haben Holz zur Erzeugung des Kohlen-Wasserstoffgases angewendet. Wenn die dabei gewonnene Holzsäure von dem damit gemischten empyrevmatischen Oel befreit ist, wird sie zu Essigsäure, und kann überall anstatt Weinessig gebraucht werden. Ein Cubikfaden Holz, gleich 2,133 franz. Cubikmeter (eine Meter ist etwas mehr als eine englische Yard) giebt 255 Pariser Pfund Holzkohle, und 70 Kannen (buckets) Holzsäure. Diese geben 30 Pfund Theer, nach deren Destillirung 50 Kannen guter Weinessig zurückbleiben. Es werden aus obigem Holzquanto 50000 Cubikfuß Gas gewonnen, welche 4000 Lampen 5 Stunden hindurch ersetzen können.

Viertes Capitel.

Nützlichkeit der Gas-Erleuchtung für den öffentlichen und Privathaushalt.

Im vorhergehenden ist dargethan, daß von der gemeinen Steinkohle eine Substanz zur Erleuchtung in unermeßlicher Menge erhalten werden kann. Der Versuch von einer so wichtigen Entdeckung Nutzen zu ziehen, verdient gewiß nicht den Nahmen einer eitlen Speculation. Es soll daher untersucht werden, wo diese Erleuchtungsart mit Nutzen anwendbar ist. Es ist bekannt, daß das Kohlengas im Gassammler lange aufbewahrt, und mittelst Röhren weit geleitet werden kann, durch welche es gleichförmig und regelmäßig wie Wasser fließt. Diejenigen welche die Vorrichtung nicht gesehen haben, können schwer glauben, mit welcher Leichtigkeit dieses geschieht. Denn dieses Gas vertheilt sich durch eine zahllose Menge hin und wieder laufender Röhren mit der äußersten Geschwindigkeit. Ohnweit der Mündung einer jeden Röhre, durch welche es ausströmen soll, wird es durch ein Ventil oder einen Hahn eingesperrt, nach dessen Oeffnung, Behufs der Entzündung, es in einen gleichförmigen Strom sich ergießt, und vermöge seiner specifischen Leichtigkeit in die Höhe steigt. Sein Dasein wird durch nichts den Sinnen angedeutet. Da ist kein Geräusch bei Oeffnung des Hahns, keine Verminderung der Durchsichtigkeit der Atmosphäre. Bei Anrührung eines brennenden Lichts, strömt es augenblicklich in einer geräuschlosen, glänzenden, stätigen und schönen Flamme. Ihre große Reinheit zeigt sich dadurch, daß sie die metallne Brennmündung nicht im mindesten schwärzt oder verunreiniget, ja nicht einmahl einen Streifen weiß Papier, oder eine polirte Oberfläche, welche man ihr nähert. Keine brennbaren Theile entweichen unverzehrt, welches bei allen übrigen Erleuchtungen ein so großer Nachtheil ist. Das Produkt der Verbrennung ist Wasser und kohlensaures Gas *). Die sorgfältigen und schönen Versuche des Dr. W. Henry haben entscheidend dargethan, daß durch die Flamme des Kohlengases weit weniger Kohlensäure erzeugt wird, als durch die Flamme des Oels, Talges oder Wachses **), wel-

*) Das Wasser, (welches als ein unmerklicher Dunst entweicht) wird durch einen Theil des in der Luft enthaltenen Sauerstoffs erzeugt, der mit einem Theil des Wasserstoffs, welches der Hauptgrundstoff des Kohlengases ist, in Verbindung tritt. Das kohlensaure Gas wird durch die Verbindung eines anderen Theils des Wasserstoffs mit dem Kohlenstoffe hervorgebracht, welche der zweite geringere Bestandtheil des Kohlengases ist.

**) 100 Cubikzoll gekohltes Wasserstoffgas aus Kohle bedürfen, um zu brennen, 220 Cubikzoll Oxygen, und erzeugen 100 Cubikzoll Kohlensäure.

ches die absurden Vorurtheile über die schädlichen Wirkungen der Gaserleuchtung, zureichend widerlegt. Wenn aber das Gas aus Newcastler Kohlen schlecht zubereitet, uud nicht von dem gewöhnlich beigemischten, geschwefelten Wasserstoff befreit ist, so sprühet es feurige Funken, und erzeugt durch die Verbindung des in der Luft enthaltenen Oxygens mit dem im Gas aufgelöst enthaltenen Schwefel, etwas Schwefelsäure. Die Folge davon ist ein erstickender Geruch, welcher besonders in der oberen Luftlage eines Zimmers, worin dergleichen Gas gebrannt hat, bemerklich ist. Eben so macht solches Gas alle Metalle anlaufen, entfärbt mit metallischen

---

100 Cubikzoll desselben Gases aus Wachs entwickelt, bedürfen zum Brennen 280 Cubikzoll Oxygen, und geben 137 Cubikzoll Kohlensäure.

100 Cubikzoll aus Lampenöl erfordern zum Brennen 190 Cubikzoll Oxygen, und geben 124 Cubikzoll Kohlensäure.

Folgende Zeilen in Ansehung der Gesundheit der Gaserleuchtung, sind von dem Zeugnisse des Herrn Lee im Unterhause copirt, als er über diesen Gegenstand befragt wurde.

Frage. Hat die Gesundheit unserer Manufacturarbeiter durch den Gebrauch des Gases gelitten?

Antwort. Nicht im mindesten, sonst würde ich es nicht angewendet haben. Ich glaube der Committée schon angezeigt zu haben, daß ich die Gaserleuchtung in meinem eignen Hause zuerst einführte.

Frage. Haben Sie gar keine Veränderung in der Gesundheit Ihrer Arbeiter bemerkt?

Antw. Nicht die geringste. Hätte ich dergleichen bemerkt, würde ich dieses für ein entscheidendes Hinderniß gehalten haben.

Frage. Und können Sie in Ansehung Ihrer Familie dasselbe versichern?

Antw. Mit groser Bestimmtheit.

Farben gemahlte Gemälde, und bringt jederzeit einen sehr schädlichen erstickenden Geruch hervor. Es wird aber von geschwefeltem Wasserstoff befreit, nnd zur Erleuchtung brauchbar gemacht, wenn man es verschiedene Mahle durch sehr verdünnte Auflösungen von säuerlichem essigsauren Blei, oder grünem schwefelsauren Eisen, oder ungelöschtem Kalk in Wasser, oder übersaurem salzsauren Kalk, treibt.

In Ansehung der Helligkeit der Flamme kann man sich auf jeden berufen, der eine Gaslichterleuchtung gesehen hat, ob sie nicht die beste Wachskerzen- oder Argandsche Lampen-Erleuchtung übertrifft.

Man könnte sie eine reiche concentrirte Flamme nennen, welche mit einem weißen angenehmen Lichte brennt. Eben so ist eine solche Flamme von mäßiger Größe vollkommen gleichförmig. Brennt man aber das Gas in großen Massen, so zeigen sich dieselben Schwankungen, welche bei allen Flammen von einem gewissen Umfange statt finden, und durch die Bewegung der sie umgebenden Atmosphäre verursacht werden. Ferner ist die Gasflamme gänzlich frei von Geruch. Das Gas selbst hat allerdings vor dem Verbrennen einen widrigen Geruch, so wie dieses bei dem Dunst von Wachs, Oel und Talg der Fall ist, und besonders bei einem frisch ausgeblasenen Talglichte. Dieses Zugeständniß beweist aber nichts gegen die völlig geruchlose Gasflamme, indem selbst ein weißes Schnupftuch, welches man öfter durch dieselbe gezogen hat, keinen Geruch giebt, wenn man es dicht vor die Nase hält.

Ein andrer besondrer Vortheil der Gasflamme besteht darin, daß sie in jeder beliebigen Richtuug gebraucht werden kann. Da hier nichts verlohren geht, und das Gas mit einer gewissen immer gleichförmigen Kraft hervorströmt, so brennt sie eben so gut in einer fast horizontalen als in einer verticalen Richtung. Hierdurch fallen zwei wichtige Einwürfe gegen alle übrige künstliche Erleuchtungsarten weg, nehmlich: daß ihr am wenigsten heller Theil nach unten gerichtet ist, wo die Beleuchtung am nothwendigsten ist, und daß die Stütze und der Träger der brennenden Substanz, einen Schatten wirft.

Die Größe, Gestalt und Intensität der Gasflamme kann durch das bloße Drehen des Hahns unter der Brennmündung regulirt werden. Man kann dadurch nach Belieben sie so hell brennen machen, daß dadurch jeder Winkel eines Zimmers erleuchtet wird, und so schwach und dunkel, daß man sie kaum bemerkt. Es darf kaum bemerkt werden, wie viele Vortheile dieses in Wochen- und Krankenstuben, Ställen, Vorrathskammern u. s. w. gewährt.

Eben wegen dieser Leichtigkeit, der Flamme verschiedene Richtungen zu geben, und ihre Größe und Gestalt zu verändern, ist keine andre Art von Licht so vorzüglich zu Pracht-Illuminationen geeignet. Soll das Gas bei im Zimmer hängenden Kronleuchtern angewendet werden, so geschiehet dieses am besten ohne Beschädigung des Zimmers dadurch, daß man die Leitungsröhre durch die Decke des Zimmers unmittelbar über den Kronleuchter, abwärts führt.

Wenn Wand- und Armleuchter erleuchtet werden sollen, so dürfen die Leitungsröhren gar nicht sichtbar sein, sondern können in der Wand oder im Fußboden verborgen werden. Wenn Transparents zur Verzierung von Sälen, Eingangszimmern u. s. w. mehr als gewöhnlich erleuchtet werden sollen, kann man verborgene Behälter mit verschiedenen farbigen Flüssigkeiten füllen, oder Gemälde darin aufstellen, und ein Licht von jeder beliebigen Stärke auf den Gegenstand werfen.

Wenn man die Brennmündung mit kleinen Löchern durchbohrt, so entstehen eben so viele Feuerstrahlen, mit dem glänzendsten Schein. Diese können auch in dem Brennpunkt eines parabolischen Spiegels angebracht werden. Um Licht in einer bedeutenden Entfernung zu verbreiten, werden Brennmündungen nach dem Argandschen Princip eingerichtet, welche eine cylindrische Flamme geben, und durch einen inneren und äußeren Luftstrom angefacht werden.

Wenn man die Gasflamme, mit einer Lichtflamme, wie groß sie auch sein mag, vergleicht, erscheint letztere grade so gelb und dunkel, als eine gewöhnliche Lampe neben einer Argandschen. Die schöne Weiße des Gaslichts erregt jederzeit, bei denen die es zum ersten Mahle sehen, Bewunderung und Erstaunen.

Ein großes Gebäude oder Fabrik mit Gas erleuchtet, neben einem mit der gewöhnlichen Lampen- oder Lichterleuchtung, verhält sich wie eine Straße in der Nacht einer allgemeinen Illumination, gegen ihre alltägliche Erleuchtung durch die gewöhnlichen öffentlichen Lampen.

Daß diese Behauptung nicht übertrieben ist, kann man nirgends deutlicher wahrnehmen als jetzt in London, wo die neuen Gaslampen neben den alten Oellampen mit einer Licht-Intensität von 12 zu 1 brennen.

Eine der vorzüglichsten Anwendungen des Gaslichts besteht in Erleuchtung von Straßen, Waarenlagern und Häusern, und da diese Erleuchtung auch gesunder und wohlfeiler ist, als die gewöhnliche, so bleibt dabei nichts zu wünschen übrig. Denn in Ansehung der Kosten muß die Gaserleuchtung nothwendig auch die wohlfeilsten künstlichen Erleuchtungsarten verdrängen, und hat es zum Theil schon gethan.

Denn die Ausgabe für die Leitungsröhren und den Apparat, ist die einzige, die in Anschlag kommen kann, indem die Gasbereitung selbst, ein gewinnvoller Proceß ist, und, außer den Interessen vom Anlage-Capital, alle übrigen Kosten mehr als deckt.

Auch ist die praktische Anwendung der Gaserleuchtung zu obigem Zweck nicht mehr problematisch, da sie schon in vielen Straßen, Vorrathshäusern und Gebäuden der Hauptstadt, wirklich ausgeführt ist *), und nach der Versicherung des Herrn Clegg die Länge der in den Straßen von London gelegten Hauptleitungs-Röhren, bereits 15 Meilen (3 deutsche) beträgt.

Vor 20 Jahren würde man einen solchen Erleuchtungsplan als widersinnig verlacht haben.

Ferner wird das Gaslicht mit Vortheil bei Leuchtthürmen angewendet werden können. Auch zu Signal-Lichtern ist, wegen des Glanzes und der auszeichnenden Formen, welche das Gaslicht anzunehmen vermag, kein andres mehr geeignet. Durch einen einzigen Ofen könnte eine zureichende Flamme, die längste Winternacht hindurch unterhalten werden und an Glanz würde sie alle jetzigen Leuchtthürme in Großbrittanien, oder wo es sonst sein mag, übertreffen.

Wenn alle Leuchtthürme in unsrer Insel mit Gasentbindungs-Oefen versehen wären, würde mit der Hälfte der jetzigen ungeheuren Kosten, ein glänzenderes Licht hervorgebracht werden. Die Wohlfeilheit und Wirksamkeit dieser Erleuchtung würde bald zur Vermehrung der Leuchtthürme Anlaß geben, und dadurch wesentlich zur Sicherheit der Schiffahrt an unseren Küsten beitragen. Das Gas könnte dieses Behufs in Gestalt langer, schmaler Bänder aus den Brennmündungen hervorgetrieben, und eine flammende Oberfläche von jeder gegebenen Dimension gebildet werden, ohne daß bei dem Mangel alles Rauches die Brennspiegel verdunkelt würden.

Die Leichtigkeit mit welcher die größte Gaslichtflamme in einem Augenblick durch Schließung des Hahns ausgelöscht werden kann, die Schnelligkeit, mit welcher eine lange Gaslinie durch eine einzige Wachskerze entzündet werden kann, sind Eigenschaften, welche sie zu telegraphischen Mit-

*) Das den deutschen Leser nicht interessirende Detail über die bereits mit Gas erleuchteten Straßen u. s. w. in London, ist, so wie manche Weitschweifigkeit, weggelassen.
A. d. U.

theilungen bei Nacht empfehlen müssen. Auch bei Casernen, Zeughäusern, Schiffsdocken und solchen Anlagen, die der starken Erleuchtung eines engen Raumes bedürfen, würde es vortheilhaft gebraucht werden können.

Die jährlichen Kosten der Kasernenerleuchtung in Großbrittanien, sollen fast 50000 Pf. betragen; mit einem geringen Theil dieser Ausgabe würde man die reinere und gesündere Gaserleuchtung einführen können.

Alle diese Anwendungsarten rechtfertigen es an und für sich, daß wir dieser Erfindung eine ungemeine Wichtigkeit beilegen, und der Meinung sind, daß durch Einführung der Gaserleuchtung im ganzen Königreiche, ein großes Capital auf die vortheilhafteste und gemeinnützigste Weise angelegt werden würde. Aber die Anwendung dieses Lichtes für Privatfamilien, würde diese Nützlichkeit noch unendlich erhöhen. Daß eine solche Anwendung möglich sei, zeigen bereits einzelne Beispiele in allen Städten des Königreichs, und daß man mit wenigeren Kosten ein schöneres Licht erhält, ist zweifellos.

Durch das Gas wird es uns möglich, so oft wir wollen in jedem Zimmer des Hauses ein angenehmes Licht zu haben, so wie dieses mit dem Wasser der Fall ist *), und zwar mit dem wesentlichen Vorzuge, daß Gaslichter stundenlang in der Nähe der feuerfangendsten Substanzen ohne Gefahr brennen können, weil sie weder Funken werfen, noch wie ein Talglicht herunter brennen. Daher würden sie in unseren Kriegsschiffen, wo strenge, und doch nicht immer zureichende Vorschriften, zur Vermeidung von Feuergefahr nothwendig sind, eine willkommene Erleuchtung für die Vorrathsräume, ja selbst für die Pulverkammer sein,

*) In England sind viele Privathäuser durch innerhalb den Wände geleitete Röhren u. s. w. so eingerichtet, daß man fast in allen Zimmern nur einen Hahn öffnen darf, um jederzeit Wasser zu haben. A. d. U.

da der Capitain, wenn er sich die ausschließliche Aufbewahrung des zur Oeffnung der Hähne nöthigen Schlüssels vorbehält, vollkommen Herr des Gasfeuers sein würde. Zu diesem Gebrauch würde ein kleiner, wenig kostspieliger Apparat, hinreichen.

Bei Schoppen und öffentlichen Anstalten bestehen die Vortheile des Gases, außer der Wohlfeilheit und einer dem Tageslichte ähnlichen Erleuchtung, noch in Erzeugung einer Wärme, welche die Heitzung fast entbehrlich macht, und in dem gänzlichen Mangel an Rauch, Geruch und Dunst.

Die Wärme welche Gaslichter hervorbringen, muß auch dem oberflächlichen Beobachter auffallen. Die Ursach warum Gaslichter mehr Hitze erzeugen, als Oel und Talglichter, wird unseren, mit der Chemie vertrauten Lesern (und wer wüßte jetzt wohl nicht wenigstens etwas von der Chemie?) nicht entgehen, da jene mehr Luft verdichten als diese, also auch mehr Hitze hervorbringen.

Man wird der Gasflamme eine so große Oberfläche geben können, daß sie das größte Zimmer neben der Erleuchtung auch erwärmt.

Wenn man das Gas in eine kreisförmige Rinne von 12 Zoll im Durchmesser strömen läßt, so bildet diese eine Art von Argandschen Lampe im Großen, und es ist einleuchtend, daß eine Flamme von 3 Fuß im Umkreise die Lnft sehr schnell nnd mit solcher Gleichmäßigkeit erwärmen wird, daß wir zu diesem Zweck der durch den starken Zug eines großen Caminfeuers hervorgebrachten theilweisen Heitzung entbehren können. Eine solche Lampe in der Mitte eines großen Zimmers aufgehängt, würde uns den Genuß der angenehmsten und gesundesten Temperatur gewähren, wenn die Rinne nur eng genug ist, um die Flamme sehr schmal zu erhalten, damit eine allmählige Erneuerung der Luft gesichert wird.

Auf den Grund angestellter Versuche kann ich versichern,

daß 3 Argandsche Brennmündungen, welche stündlich 5 Cubikfuß Gas verzehren, hinreichend sind, einen Raum von 10 Quadratfuß in einer Temperatur von 55° Fahrenheit zu erhalten, wenn es draußen friert *).

Ueberall wo man einer mäßigen Hitze bedarf, wird die Gaslichtflamme selbst im Großen, mit Vortheil angewendet werden können. Wo es auf Nettigkeit der Arbeit ankömmt, hat sie Vorzüge, welche kein andres Flammenfeuer gewähren kann, weil man keine andre Feuerung so in seiner Gewalt hat. Es ist bekannt, daß ein geringer Luftzug auf ein gewöhnliches Feuerungs-Material geleitet, keine Flamme, sondern nur einen qualmenden Dunst hervorbringt; macht man dagegen den Luftzng zu stark, um diesen Dunst in Brand zu setzen, so wird die Hitze oft zu heftig für den Zweck.

---

*) Herrn Daltons Methode die Hitze zu vergleichen, welche entzündbare Gasarten, oder andre Körper, welche mit einer Flamme brennen, während der Verbrennung hervorbringen, (siehe sein System. of Chemistry Vol. I. p. 76) verdient denjenigen, welche bei diesem Gegenstand näher interessirt sind, empfohlen zu werden. Der Proceß ist nach der folgenden Darstellung einfach, leicht und genau.

Man nimmt eine Blase von beliebiger Größe (wir wollen zur bessern Verständlichkeit annehmen, daß sie 30000 Gran Wasser fassen kann), versehe sie mit einer kleinen Röhre und einem Hahn, und fülle sie mit dem brennbaren Gas, dessen Erwärmungskraft untersucht werden soll. Dann verschaffe man sich ein Gefäß von verzinntem Eisenblech mit concavem Boden, von derselben Capacität, und fülle es mit so vielem Wasser, daß dieses mit dem Gefäße zusammen soviel wiegt, als das Wasser, welches die Blase fassen kann, also nach obiger Annahme 30000 Gran. Alsdann entzünde man das Gas an der Mündung der Röhre, bringe die Flamme unter den Boden des Blech-

Die Große Gewalt der Gasflamme wird bei Versuchen im Kleinen, und wenn man sie ruhig fortbrennen läßt, nicht offenbar, weil die Luft sie nicht innig berührt, sondern blos auf die Außenseite einwirkt, und weil die Menge des auf der Oberfläche einer kleinen Flamme verbreiteten Brennstoffes zu unbedeutend ist, um eine große Wirkung hervorzubringen.

Aber wenn man eine größere Gasflamme anwendet, die frei ausströmt, und durch Luftzug angefacht wird, so wird ihre Kraft, Körper zu erhitzen, unglaublich vermehrt. Sie ist daher zu starken Erhitzungen im Großen sehr geschickt, besonders wo ein festes Feurungsmaterial mit dem zu erhitzenden Gegenstand nicht wohl in Berührung gebracht werden darf.

Vermöge ihrer Fähigkeit alle Gestalten und Helligkeitsgrade anzunehmen, und nicht abzutropfen, ist sie zu den

---

gefäßes, und unterhalte sie dort durch allmähliges Ausdrücken der Blase, bis das Gas völlig verbrannt ist. Wenn der Grad der Wärme des Wassers, vor und nach dem Verbrennen, sorgfältig bemerkt ist, ergiebt sich die Heizungskraft der verschiedenen Gasarten sehr genau, und auf diese Art wurde gefunden, daß die Temperatur einer gleichen Wassermenge erhöhet wird,

durch ölerzeugendes Gas um	14°
— Kohlen-Wasserstoff- oder Kohlengas	10
— Kohlenstofforydgas	4
— Hydrogen oder Wasserstoffgas . . .	5
— Wallrathöl, 10 Gran in einer Lampe verbrannt, erwärmten 30000 Gran Wasser um	5
— Talg	5
— Wachs	5, 75
— Terpentinöl	3
— Weingeist	2

geschmackvollsten Pracht-Illuminationen anwendbar. Die III. IV. und V. Kupferplatte geben Zeichnungen von verschiedenen Arten Gaslampen, Wand-, Kron- und Armleuchtern, Candelabern u. s. w., wie sie in der Hauptstadt bereits in Gebrauch sind.

Taf. III. Fig. 1. stellt eine Stablampe vor. Das Gas steigt durch den holen Stab a zu der Argandschen Brennmündung, welche mit einem cylindrischen, unten weiteren Rauchfang c umgeben ist.

Bei allen auf Argandsche Art eingerichteten Gasbrennmündungen, muß man sorgfältig dahin sehen, daß die Flamme überall von der Luft berührt, und der Luftstrom gegen das obere Ende der Flamme gerichtet wird. Dieses wird erreicht, wenn man einen Luftstrom perpendiculär vom Boden des Schornsteins aufsteigen, und durch dessen obern verengten Theil ausströmen macht. Aber keinem andern Luftstrom darf es möglich sein, der Flamme sich zu nähern, oder in den gläsernen Rauchfang einzudringen, welcher die Flamme deckt und beschützt. Denn wenn mehr Luft Zutritt hat, als zur vollständigen Verbrennung des Gases nöthig ist, wird nothwendig die Hitze, und also die Helligkeit des Lichts vermindert.

Fig. 2. Eine Stablampe mit Armen. Auch hier strömt das Gas durch den hohlen Stab a, und einen Theil des hohlen Armes b zur Brennmündung. Das cylinderförmige Glas c ist nicht so vortheilhaft zur vollständigen Verbrennung des Gases, als der klockenförmige Rauchfang in der vorigen Figur, weil der Luftstrom durch keine Verengerung concentrirt, von geringerer Wirkung ist.

Fig. 3. Eine Armlampe. a ist die Leitungsröhre, b der Hahn.

Fig. 4. Eine hängende Stablampe, bei welcher das Gas von oben herab durch die Decke des Zimmers, in die Leitungsröhre a geführt wird. Der tulpenförmige Rauchfang

fang b ist ebenfalls weniger vortheilhaft, als der glockenförmige in der Fig. 1.

Fig. 5. Eine hängende Armlampe mit doppeltem Arm. Das Gas strömt durch die verticale Röhre a in die Arme b b. Der Buchstabe c bezeichnet die Argandsche Brennmündung vor der Bedeckung mit dem Rauchfang.

Fig. 6. Eine schwebende Armlampe. a ist die Gasröhre mit dem Hahn. b eine messingne Kugel mit der Röhre a verbunden. c die Leitungsröhre, luftdicht in der Kugel b befestigt, und mit der Brennmündung verbunden, so daß diese horizontal nach allen Seiten gedreht werden kann.

Fig. 7. Zeigt die Construction der Kugel b und der Röhre c von dieser Lampe deutlicher.

Fig. 8. Eine schwebende Lampe mit vielstrahliger Brennmündung, eben so wie Fig. 6. eingerichtet. Diese Art ist vorzüglich bei Schreibepulten in Comptoirs u. s. w. anwendbar.

Fig. 9. Ein Hahn mit Kugel und Dille, welcher, an einer Leitungsröhre angebracht, es möglich macht, sie zur beliebigen Direction des Lichtes nach allen Richtungen zu bewegen.

Fig. 10. Ein Durchschnitt des vorbeschriebenen Hahnes.

Fig. 11. Die Kugel und die Dille von Fig. 9. perspectivisch gezeichnet.

Taf. IV. *) Fig. 1. Ein Candelaber. Die Gasröhre steigt durch den Fußboden durch die Säule a, und endiget sich in der Brennmündung.

Fig. 2. Eine elegante hängende Lampe mit vielstrah-

---

*) Die auf dieser Tafel vorgestellten Lampen sind mit Erlaubniß des Herrn Ackermann von den in seiner Anstalt vorhandenen copirt.

ligen Brennmündungen c c, zu welchen das Gas durch die Röhre a geleitet wird.

Fig. 3. Eine Lampe mit Argandscher Brennmündung auf einem Fußgestell, a ist die Leitungsröhre mit dem Hahn.

Fig. 4. Eine dergleichen mit vielstrahliger Brennmündung

Fig. 5. Eine idealische Armlampe mit vielstrahliger Brennmündung, welche blos den Zweck hat, zu zeigen, daß das Kohlengas, wenn es zur Brennmündung aufsteigt, völlig farbenlos und unsichtbar ist, a ist ein gläsernes Gefäß, am Mundloche mit einer messingnen Kappe c und einer durchlöcherten Kugel versehen, aus welcher die Gasstrahlen ausströmen, b ist die Röhre, welche das Gas in dieses Gefäß leitet.

Fig. 6. Eine Armlampe mit Argandscher Brennmündung. a und b die mit dieser Mündung verbundene Gasröhre.

Fig. 7 und 8. Eine horizontale Armlampe. a ist die Gasröhre, deren obere Fortsetzung in der Decke verborgen ist. b deren untere Fortsetzung oder die Leitungsröhre, welche mit c verbunden, sich in zwei rechtwinklichte Arme d d theilt. e sind die Brennmündungen.

Taf. V. Fig. 1. Ein Candelaber wo die Gasröhre durch den Fußboden aufsteigt, und die Seitenröhren aus der mittleren ausgehen.

Fig. 2. Ein Arabesk-Kronleuchter. Das Gas tritt durch die Decke herab in die schnurähnliche Röhre a, aus welcher es durch eine der gewölbten Ribben b b in den horizontalen hohlen Ring c sich ergießt.

Fig. 3. Ein römischer Kronleuchter. Das Gas tritt durch die unbewegliche hohle Kette a in die Centralröhre b, und aus dieser durch die Seitenzweige c c in die Brennmündungen.

Fig. 4. Ein gothischer Kronleuchter. Das Gas tritt

durch das Seil a, in welchem eine Röhre versteckt ist, und communicirt durch die Seitenröhren mit den Brennmündungen.

Fig. 5. Eine Figuren-Lampe auf einem Fußgestell. Das Gas strömt durch eine im Körper der Figur verborgene Röhre in das Gitterwerk, welches sie trägt, und das aus hohlen messingnen, wo das Gas ausgehen soll, durchbohrten Röhren besteht.

Fig. 6. Eine Vasen-Lampe auf einem Fußgestell. Das Gas tritt durch einen der Klauenfüße des altarförmigen Fußgestells in die gläserne Vase a, an deren Boden es die ferneren Leitungsröhren findet, welche sich in metallne Kornähren b endigen, aus deren Endspitzen es brennend in die Luft übergeht.

Fig. 7. Ein Wandleuchter. Das Gas tritt durch den Arm a durch die herablaufenden Röhren b b in die Brennmündungen.

Fig. 8. Ein Candelaber mit einer Centralröhre, durch welche das Gas in die Brennmündungen an der Spitze geleitet wird.

Fünftes Capitel.

Ueber die andern Producte aus der Steinkohle, nehmlich Coake, Theer, wesentliches Oel u. s. w.

Da nun die Natur des Kohlengases als Stellvertreter der sonst gebräuchlichen Lichter zureichend entwickelt ist, so wird es nöthig sein, die andern Producte näher zu betrachten, welche während der Gaserzeugung entstehen.

Coake. Diese Substanz, gleichsam das Gerippe der Kohle, oder ihre kohligte Basis, bleibt in der Retorte zurück, wenn alle flüchtigen Bestandtheile der Steinkohle durch die Hitze ausgetrieben sind. Siehe pag. 60.

Es ist bekannt, daß die Coake ein vorzüglicheres Feuerungsmaterial ist, als die Kohle aus welcher sie gewonnen ist.

Es werden bei uns unermeßliche Quantitäten im Großen gewonnen; aber bei dem hiezu üblichen Proceß gehen die gasartigen und andern Substanzen verloren *). Bei der Gasbereitung bleibt die Coake in der Retorte zurück, und zwar mit einem größeren Umfange aber sehr verminderten Gewicht, gegen die ursprüngliche Steinkohlenmasse. In welchem Zustande man auch die Steinkohlen in die Retorte schütten mag, so bleibt die Coake jederzeit in großen Stücken zurück, so daß der Abgang oder Kohlenstaub, und selbst der Grubenkehrigt, welcher jetzt weggeworfen wird, bei dieser Gelegenheit benutzt, und in ein vortreffliches Feuerungsmaterial verwandelt werden kann.

Die Coake hat einen entschiedenen Vorzug vor der gemeinen Steinkohle zu allem häulichen Gebrauch, besonders in der Küche, indem sie eine gleichmäßigere, stärkere und dauerndere Hitze giebt. Zwar giebt sie keine Flamme, und der Gebrauch des Rühreisens — dieses Specificums gegen den Spleen der Engländer — ist selten nöthig; aber diese Mängel werden durch die Eigenschaft, keine Funken zu werfen, durch die größere Hitze, und durch den Mangel an Staub und Rauch, mehr als aufgewogen.

Daß die Coake mehr Hitze geben muß als die Stein-

*) Der Verfasser beschreibt hier in einer Note den der Holzverkohlung ähnlichen Proceß zu Gewinnung der Coake, welche, als dem Gegenstand fremdartig, wegbleiben kann.
A. d. U.

kohle, wird leicht begreiflich, wenn man erwägt, daß die Bestandtheile, welche bei Verbrennung der Steinkohle aus festen in elastisch flüssige verwandelt werden, nothwendig einen Theil des Wärmestoffs mit fortführen müssen, welcher dadurch latent wird, ohne Hitze zu geben; während die glühende Coke den Wärmestoff mit einer Intensität ohne gleichen ausstrahlt. Solchergestallt giebt die Coke, ob sie gleich etwas schwieriger in Brand zu setzen ist, als die Kohle, doch eine stätigere, dauerndere und stärkere Hitze.

Die einzige Unbequemlichkeit beim Gebrauch der Coake besteht darin, daß sie beim Verbrennen weit mehr Asche zurück läßt, als gemeine Steinkohle, Holzkohle oder Holz, und noch dazu eine schwerere Asche, welche sich leicht dergestalt anhäuft, daß der freie Durchgang der Luft durch das Feuer gehemmt wird. Ferner ist diese Asche bei sehr starker Hitze dem Uebelstande ausgesetzt, daß sie schmilzt, oder zu einer zähen schmutzigen Substanz verglaset, welche sich an den Rost, die Seiten des Kamins und an die Gefäße hängt. Bei der gewöhnlichen Hitze, wie sie in den Küchen, Stuben und Caminen statt findet, ist diese Asche dem Schmelzen nicht ausgesetzt, und durch ihre Anhäufung wird das Feuer nur dann erstickt, wenn der Rost zu enge ist.

Zur Vergleichung der Coake- und Kohlen-Hitze dienen folgende Erfahrungen:

600 Pfund Steinkohlen verflüchtigen 10 Cubikfuß Wasser in 20 Stunden. 430 Pfund Coake 17 Cubikfuß Wasser in 12½ Stunden *).

---

*) Um die Hitze erzeugende Kraft verschiedener Feuerungsmaterialien auszumitteln, lehrt die Chemie, daß gleiche Quantitäten Feuerungsmaterial, auf gleiche Weise angewendet, die Temperatur der nehmlichen Menge Wasser um die nehmliche Anzahl von Graden erhöhen. Wenn

Der Graf von Dundonald hat gezeigt, daß beim Kalkbrennen mit einer Quantität Coke, eine bestimmte Quantität Kalksteine, regelmäßig in einem Drittheil der Zeit gebrannt wird, als wenn man die Steinkohlen, welche jene Quantität Coake gegeben haben, dazu in ihrem natürlichen Zustande angewendet hätte.

Dieser Erfolg läßt sich dadurch erklären, daß die Kohle, durch die Verwandlung in Coke, von der Feuchtigkeit und dem Theer befreit ist, welche sonst während der Verbrennung ausdunsten würde, und welche sich in den mittleren und oberen Lagen der abwechselnd im Kalkofen aufgeschich-

---

man daher die ursprüngliche Quantität und Temperatur des Wassers kennt, so wie die Quantität des Feuerungsmaterials, welches verwendet ist, um dieses Wasser zum Sieden zu bringen, so findet sich das gesuchte Resultat, wenn man die Quantität Wasser von 30 Grad Wärme ausmittelt, welche durch 1 Pfund des angewendeten Feuerungsmaterials zum Sieden oder zu 180 Grad gebracht ist. Oder in Form einer Regel.

Man multiplicire die Quantität Wasser (z. B. 100 Pf.) mit der Zahl der Grade seiner ursprünglichen Wärme (z. B. 30° also 100 : 30 = 3000.) Man multiplicire die Anzahl Pfunde des verwendeten Feuerungsmaterials (z. B. 15) mit 180 dem Siedegrad (also 15. 180 = 2700). Man dividire das erste Product durch das letztere ($\frac{3000}{2700}$), und der Quotient ($1\frac{1}{9}$) giebt die Quantität Wasser, welche durch 1 Pfund Feuerungsmaterial zu 180° erhoben, oder zum Sieden gebracht sein würde. Oder auch: man verdunste gleiche Quantitäten Wasser von gleicher Oberfläche, unter gleichen Umständen völlig, mit den verschiedenen Materialien, deren Heizkraft man untersuchen will, und die verschiedenen dazu erforderlich gewesenen Quantitäten Feuerungsmaterial werden das verschiedene Verhältniß ihrer Heitzungskraft andeuten.

teten Kalksteine und Kohlen verdichten, und dadurch die schnelle und vollständige Durchfeuerung der ganzen Masse verhindern würde. Denn je größer die Quantität des Materials ist, und in je kürzerer Zeit diese durchgefeuert wird, desto besser und ökonomischer geht das Kalkbrennen, sowohl in Ansehung der Kohlen, als der Zeit, von statten. Denn auch die Zeitersparniß ist ein wesentlicher Vortheil, besonders bei Kalkbrennereien, wo im Sommer viel Nachfrage nach Kalk ist; indem es durch Anwendung der Coke möglich wird, in der nehmlichen Zeit dreimahl mehr Kalk zu brennen.

Bei Ziegelbrennereien, Schmelzhütten und Malzdarren, sind die Vorzüge der Coake vor der Kohle bekannt genug.

Der folgende Aufsatz des Herrn Davys *) zeigt, daß die Vortheile des Coakegebrauchs bei Kalk-, Gips- und Ziegelbrennereien, größer sind, als es beim ersten Anblick scheinen mögte.

„Die Coake, welche man bei der Gasentbindung erhält, ist so schätzbar, daß es unbegreiflich scheint, warum man sich nicht dieses Feuerungsmaterials mit Ausschluß aller übrigen bedient. Als Landbesitzer unter fleißigen, aber ganz ungebildeten Nachbarn lebend, habe ich mehr als zu viel Gelegenheit gehabt, die Coake als Feuerungsmaterial zu Zwecken anzuwenden, wozu sie, meines Wissens, bisher nicht gebraucht ist, indem es in diesem abgelegenen Winkel nicht möglich war, die nöthige Feuerung mit mäßigen Kosten zu unterhalten. Denn sie müssen wissen, daß ich mein eigner Kalk-, Gips- und Ziegelbrenner bin, und bei diesen Zweigen des ländlichen Haushalts mich dieses Feuerungsmaterials mit dem größten Vortheil bedient habe, wenn ich gleich bei der wohlfeilen Selbstbereitung, fast

*) Philosophical-Magazine Vol. 33. pag. 433.

alles Licht aus dem zugleich gewonnenen Kohlengase, absichtlich verschlendre.

Die Steinkohle, deren ich mich früherhin zum Kalkbrennen bediente, ist eine geringe Gattung Schmiedekohlen, welche hier Welsch-Culm genannt werden. Mein Kalkofen ist ein kelchförmiger, oben offener, hohler Raum, mit einer starken Ziegelmauer umgeben, und unten mit einem eisernen Roste, und einer steinernen Thür versehen. Sonst füllte ich den Ofen mit abwechselnden Lagen von Schmiedekohlen und in Stücken von der Größe einer Mannsfaust zerschlagenen Kalksteinen. Beim Brande wird der Kalkstein allmählig zersetzt. Die oberen Lagen sinken immer tiefer, und wenn sie dem Boden nahe sind, werden wieder neue Lagen aufgeschüttet, so daß der Ofen 50 Stunden hindurch immer voll bleibt. In dieser Zeit gewann ich 85 Bushels Kalk. Die Kohlenlagen wurden 4 Zoll dick gemacht.

Als ich Coake statt der Kohlen anwendete, erhielt ich von einem ähnlichen Brande 30 Procent Kalk mehr, und vollendete ihn in 39 Stunden. Eben so war weniger Bedienung und Arbeit nöthig, und alle Vortheile in Anschlag gebracht, kann ich bei der Kalkbrennerei den Gewinn auf höher als 50 Procent schätzen.

Eben so habe ich neuerdings Ziegeln mit Coake gebrannt. Meine Ziegeln werden in Hütten gebrannt, die selbst von Ziegeln errichtet sind. Der Feuerungsplatz ist perpendiculär etwa 3 Fuß hoch. Die Züge werden durch Anhäufung oder gewölbähnliche Zusammenstellung der Ziegeln gebildet, so daß zwischen jedem ein ziegelbreiter, freier Raum bleibt; und da, wenn mit Kohlen gefeuert wird, wegen der Bauart der Hütte das ganze Quantum auf einmahl eingebracht werden muß, so kann niemals die ganze Ziegelladung völlig gebrannt werden, und die gesetzlichen Vorschriften in Ansehung der Dimensionen der Ziegelhütten, veranlassen jeden Fabrikanten ohnedies, für die Kohlen nicht mehr Raum zu lassen, als durchaus nöthig ist.

Wenn aber mit Coake gefeuert wird, so können die Wölbungen oder leeren Räume in dem Ziegelhaufen, und eben so die Lagen des Feurungsmaterials, bedeutend kleiner gemacht werden. Dadurch wird eine gleichförmigere und wirksamere Hitze hervorgebracht, und ein Gewinn von wenigstens 30 Procent.

Zum Brennen meines eignen Gypssteins wende ich ebenfalls die Coake an. Die Calcination des Gipses zum Düngen geschieht in einem gewöhnlichen Reverberierofen, und die dabei angestellten Arbeiter, (welche sonst jeder Neuerung nicht sehr geneigt sind) sind sehr mit der Gleichförmigkeit der Feuerung und der weniger erforderlichen Aufmerksamkeit zufrieden, wenn mit Coke statt Kohle gefeuert wird.

Durch diese wenigen Thatsachen wünsche ich die nützliche Anwendung dieses Feuerungsmaterials darzuthun, welches ohne Zweifel in der Folge, wenn seine Natur näher untersucht ist, nicht zu berechnende öconomische Vortheile gewähren wird.

Die Menge der von einer gewissen Quantität Steinkohlen zu gewinnenden Coke ist, nach der Beschaffenheit der gebrauchten Steinkohle, verschieden. In der hiesigen Gaslicht-Manufactur giebt ein Caldron Newcastler Kohlen im Durchschnitt $1\frac{1}{4}$ bis $1\frac{1}{2}$ Caldron guter Coke. Wenn die Verkohlung der Steinkohle bis zu dem höchsten Grad getrieben ist, hat die Coake einen silberglänzenden Schimmer. Eine solche Coake ist zu metallurgischen Operationen vorzüglich, weil sie das stärkste Gebläse verträgt; aber zum Küchen- und anderen häuslichen Gebrauch ist eine weniger stark gebrannte besser, weil sie leichter und heller brennt.

Kohlen-Theer, Oel und Pech.

Ein zweites nutzbares Product der Steinkohle ist der Kohlentheer *). Diese Substanz wird bei der Reinigung des Gases in einem besonderen Gefäße gesammelt.

Er hat diesen Namen erhalten, weil er den gemeinen Theer sowohl äußerlich, als in seinen Eigenschaften gleicht.

Es sind ehedem verschiedentlich, sowohl in England als auf dem festen Lande, Werkstätte errichtet, um aus der Steinkohle einen Stellvertreter des Theers zu gewinnen, aber sie gingen als gewinnlose Speculationen wieder ein. Im Jahre 1781 erfand der Graf Dundonald eine Art, die Steinkohlen im Großen zu destilliren, wobei er nicht blos Coke, sondern auch Theer gewann. Aber auch dieser Proceß fand wenig Nachahmer, obgleich ein Patent darüber gelöset wurde. Sein Zweck war immer zu beschränkt, und obgleich einige Producte aus der Kohle gewonnen wurden, so geschah dieses doch mit Kosten, welche beinah den ganzen Vortheil aufwogen. Auf das Kohlengas, als den wichtigsten Bestandtheil der Steinkohle, wurde gar keine Rücksicht genommen.

Der Kohlentheer wird vortheilhaft zum Anstreichen des Holzwerks gebraucht, welches der Witterung und dem Wasser ausgesetzt ist. Wenn erhitztes Bauholz mit kaltem Theer getränkt wird, so durchdringt er dessen Poren, und giebt demselben eine ungewöhnliche Härte und Dauerhaftigkeit.

Ein Caldron Newcastler Kohlen giebt in der Gaslichtmanufactur, nach den Umständen, 150 bis 180 Pfund Theer. (Siehe pag. 66.)

Der Theer aus Newcastler Kohlen ist specifisch schwe-

---

*) Ein deutscher Chemiker, Becher, machte im Jahre 1665 seine Erfindung Theer aus Steinkohle zu gewinnen bekannt. Er destillirte die Kohle in verschlossenen Gefäßen, und ob er dadurch noch andre Produkte erhalten hat, ist in den damaligen Nachrichten nicht erwähnt.

rer als der aus Cannelkohlen, so daß jener im Wasser untersinkt, dieser obenauf schwimmt.

Um den Theer brauchbar zu machen, muß derselbe abgedunstet werden, wodurch er eine zureichende Consistenz erhält. Wenn dieser Proceß in verschlossenen Gefäßen geschieht, so erhält man etwas von dem wesentlichen Oele, welches den Farbebereitern unter dem Namen Theeröl bekannt ist. Es wird zu dem Ende ein gewöhnlicher Kolben mit Kohlentheer gefüllt, und wenn er verlutirt ist, wird ein mäßiges Feuer unterhalten, indem der Theer im Anfang des Processes zum Aufsieden sehr geneigt ist. Der erste Uebergang besteht vorzüglich in einem braunen ammoniacalischen Fluido, welches indeß mit einem guten Antheil Oel gemischt ist. Wenn im Fortgang des Processes die Hitze wächst, vermindert sich die Menge des ammoniacalischen Fluidi, und vermehrt sich die Menge des Oels, und gegen das Ende der Operation geht nichts als Oel über. Dieses Oel ist nicht mit dem ammoniacalischen Fluido gemischt, so daß beide Substanzen leicht durch abseigern geschieden werden können. Das Oel ist eine gelbliche geringe Art von Terpentinöl, und sehr brauchbar, um Firniß zu machen, Schiffe anzustreichen, und zu anderen gröberen Anstrichen, die der Witterung ausgesetzt sind.

200 Pfund Theer geben im Durchschnitt 53 Pfund Oel.

Will man den Kohlentheer in Pech verwandeln, ohne den Oelgewinn zu berücksichtigen, so kann die Abdunstung in einem gewöhnlichen Kessel geschehen. Es ist nur viel Vorsicht bei dieser Operation nöthig, weil der Theer sehr leicht überkocht. Man kann aber diesem vorbeugen, wenn man den gewöhnlichen Kessel oder Tiegel mit einer Rinne oder hohlen Rand umgiebt, worin sich der Theer beim Aufsteigen ausbreitet, und so zur Verhütung des Ueberlaufens sich abkühlt.

Fig 2. Taf. VIII. ist ein solcher Tiegel abgebildet.

1000 Pfund Theer geben im Durchschnitt 460 bis 480 Pfund Pech. Wenn man dieses Kohlenpech wiederum bei gelinder Hitze schmelzt, verwandelt es sich in eine Substanz, welche alle Eigenschaften des Asphalts hat.

Ammoniakfluidum. Die Eigenschaften dieser Flüssigkeit, welche allezeit mit dem Theer zusammen übergeht, auch mit in der Theercisterne zurückbleibt, sind noch nicht zureichend untersucht. Doch wird es bereits in der Fabrik von salzsaurem Ammonium (Salmiak) gebraucht. Ein Caldron Kohlen giebt 220 bis 240 Pfund dieses Fluidi, welches vornehmlich aus salpetersaurem und kohlensaurem Ammonium besteht.

Ob es nun gleich ausführbar ist, die Gaserleuchtung in den Wohnhäusern einer jeden Stadt und jeden Dorfes zu gebrauchen, so ist doch nicht zu erwarten, daß dieses so geschwind und allgemein geschehen werde. Vorurtheile auszurotten, und alte Gewohnheiten zu ändern, ist nur ein Werk der Zeit. Ein neues System in der Physik einzuführen, hat immer eine Zeit erfordert, welche hinreicht, um eine ganze Generation zu erziehen. Beweise sind: die Verwerfung der Aristotelischen Philosophie — die Erforschung der Natur auf dem Wege der Erfahrungen und Versuche — die Verdrängung der Wirbel-Theorie durch das Gravitationsgesetz — und neuerdings die Verwerfung des Phlogiston. Neue Künste und Einrichtungen sind noch schwieriger in Gang zu bringen. Zum Beweise darf nur die neue Bleichmethode angeführt werden. Eine neue Sprachlehre, eine neue wissenschaftliche Theorie, ein neuer Name, ein neues Instrument, obgleich den älteren an Einfachheit, Leichtigkeit des Gebrauchs und Zuverlässigkeit überlegen, muß in den Augen des gewöhnlichen Lehrers oder Handwerkers weniger Werth haben, weil dieser mit dem älteren vertrauter ist, und keinen Ehrgeiz hat, als seinen Unterhalt mit der mindesten Anstrengung zu erwerben.

Es ist merkwürdig, mit welcher Langsamkeit Verbesserungen jeglicher Art in den allgemeinen Gebrauch übergehen, selbst neue Entdeckungen, welche den ausgebreitetsten und allgemeinsten Nutzen gewähren, besonders wenn man sie mit der reissenden Schnelligkeit vergleicht, mit welcher die unbedeutenden Neuerungen angenommen werden, welche Thorheit und Laune unter den Auspicien der Mode täglich in die Welt schicken.

Beim ersten Anblick scheint es höchst sonderbar, daß irgend jemand eine Erfindung oder Verbesserung, welche augenscheinlich zur Erleichterung seiner Arbeit und Vermehrung seiner Behaglichkeit berechnet ist, vernachlässigen sollte; aber wenn wir die Macht die Gewohnheit in Anschlag bringen, wenn wir erwägen, wie schwierig es ist, nur die Ueberzeugung von dem Nachtheil oder der Unvollkommenheit früherer Jugendgewöhnungen zu erhalten, so wird unser Erstaunen sich vermindern oder ganz verschwinden.

Noch außer dem Vorurtheil giebt es viele andre Verhältnisse, welche der Ausbreitung neuer nützlicher Entdeckungen unvortheilhaft sind. Eifersucht, Bosheit, Neid und Rache sind nur zu oft dabei im Spiel, und verhindern die gemeinnützigsten Verbesserungen.

Ein Plan wie der vorliegende, welcher nicht nur in häusliche Gewohnheiten eingreift, sondern einem Theile der National-Industrie und des National-Vermögens eine ganz neue Richtung giebt, muß nothwendig den heftigsten Widerspruch erleiden. Daher kömmt es, daß einzelne Individuen, sich mit aller Macht der Einführung dieser neuen Erleuchtung widersetzt haben.

Man hat versucht, durch Prophezeihungen, der unglücklichsten Folgen für den grönländischen Handel, und der damit verbundenen Verminderung der Pflanzschule für die brittischen Matrosen, die öffentliche Meinung dagegen einzunehmen. Dieser Einwurf ist nichts als das gewöhnliche Geschrei, welches sich jederzeit gegen neue Verschläge zur

Abkürzung von Arbeiten erhebt, und wollte man darauf hören, so müßten die Spinn- und Dreschmaschinen, so wie die Dampfmaschinen und tausend andre mechanische Verbesserungen verboten werden.

In der That wird ein solches Geschrei fast jederzeit erhoben, wo von einer ausgedehnteren Anwendung von Maschinen, von Abkürzung der Arbeit und Anwendung lebloser Kräfte, die Rede ist. Bei solchen Gelegenheiten erzählen uns gewisse unberufene Schreier, daß Projecte zu mechanischen oder chemischen Verbesserungen eigentlich gegen die Menschheit gerichtet sind; daß sie dahin abzwecken, die wohlthätige Beschäftigung zu vermindern; daß Maschinen den Verdienst der arbeitenden Klasse schmälern. Zwei Creaturen bieten sich zur Beschäftigung und zum Unterhalt dar: der Mensch und das Pferd. Dem letzteren gebührt ohnstreitig der Vorzug, und der erste mag umkommen! Zwei andre Wesen bewerben sich wiederum um meine Gunst: ein Pferd und eine Dampfmaschine. Meine Vorliebe für letztere hat die Absicht, das Pferdegeschlecht auszurotten! In beiden Fällen muß die Anzahl lebendiger Wesen, welche des Genusses und der Glückseligkeit fähig sind, wegen Mangel an Unterstützung sich vermindern; und solchergestalt sind dergleichen Verbesserungen im Ganzen, nicht sowohl ein Gewinn für die Gesellschaft, sondern eine Vermehrung des Elendes der arbeitslosen Armuth.

So vernünfteln diese Gegner! Aber ein solches unbestimmtes Raisonnement ist eigentlich gegen alle Verbesserungen überhaupt gerichtet, und beweist mehr als sie wahrscheinlich selbst wollen, nemlich: daß der Zustand der Rohheit des Menschengeschlechts mit allen seinen Mängeln, seiner Unwissenheit, seiner Wildheit und seinen Entbehrungen, dem Zustande geselliger Cultur vorzuziehen sei. Und wenn wirklich einzelne Individuen eine Zeitlang leiden, soll man deshalb auf eine allgemeine Nationalwohlthat Verzicht thun? Und verdankt nicht unser Vaterland grade dieser Verbesserung der Manufacturen durch Maschinen und dieser Abkürzung der Arbeit, seinen ganzen Reichthum, seine Unabhängigkeit und die Ueberlegenheit, welche es über alle Nationen des Erdbodens behauptet?

Aber wir wollen zu unseren Gegenstand zurückkehren. — Die Fortschritte der neuen Erleuchtungsmethode durch Kohlengas, können niemals die Talglichte und transportablen Lichte überhaupt, ganz entbehrlich machen. Der Einwurf wegen des Grönländischen Handels ist ebenfalls nichtig. Man könnte diesen Handel eher einen Abzugscanal als eine Pflanzschule unsrer Matrosen nennen. Die Natur des Grönländischen Handels erfordert es, daß das Schiffsvolk vorzüglich aus starken, tüchtigen Matrosen bestehe, und da sie bevorrechtet und der Pressung nicht unterworfen sind, so werden sie dadurch der Nationalvertheidigung entzogen. Die Pflanzschule der Brittischen Seeleute ist der Küstenhandel, und wenn die Gaserleuchtung allgemeiner wird, dürfte sich dieser Handel in demselben Maaße vermehren, als die Grönländische Fischerei vermindern, selbst das äußerste angenommen, daß die Grönländische Fischerei dadurch ganz vernichtet würde, so werden wir doch nicht sehr Ursach haben, diese Folge zu bedauern. Eine gesunde Staatshaushaltung kann es ohnmöglich billigen, daß wir Schiffe ausrüsten, um Oel vom Nordpol holen zu lassen, da wir ein besseres und wohlfeileres Erleuchtungsmaterial aus den Producten unseres eignen Bodens gewinnen können.

Unsren Fischereien wird es ohnedies an Aufmunterung nicht fehlen, und die Ausdehnung unsrer Gaserleuchtung kann blos unseren Freunden auf dem festen Lande unangenehm werden, weil wir alsdann einer ihrer Stapelwaaren, des Talges, weniger bedürfen.

Der Verbrauch der Kohlen wird zwar weniger verschwenderisch, aber doch größer werden. Der gemeine Mann behilft sich jetzt mit einer sehr dürftigen Feuerung, und es bedarf nichts als einer Verringerung des Preises, um die Consumtion des Feuerungsmaterials bedeutend zu verbessern. Die Leichtigkeit der in den Gaslichtmanufacturen gewonnenen Coke, wird durch die Verminderung der Kosten des Landtransports ihre allgemeinere Verbreitung erleichtern. Die Behaglichkeit des Armen wird wesentlich erhöhet werden, und beim Landbau sowohl, als bei der Fabrication, werden eine Menge nützlicher Operationen entstehen, welche jetzt der hohe Preis des Feuerungsmaterials verhindert.

Sollte ein vermehrter Absatz der Coake wünschenswerth werden, so dürfte sich dieser leicht auf den Märkten des festen Landes finden, da Coake für die Gewohnheiten der meisten Europäischen Nationen passender ist, als Steinkohle.

Die Gaserleuchtung kann den Kohlenhandel nicht vermindern, vielmehr wird sie demselben förderlich sein. Die Preise der besseren Sorten werden fallen, und es wird eine Gleichförmigkeit derselben entstehen, welche unter keinen Umständen erschüttert werden kann. Diese Umstände werden beitragen, Verabredungen zu verhindern, welche immer dem Publico nachtheilig sind, und zuweilen diese Hauptstadt in die Hände einiger Eigenthümer der nördlichen Provinzen geben, welche ihre Kohlen zu willkührlichen Preisen verkaufen. Die solchergestalt vermehrte Concurrenz müssen wir gewiß als einen Vortheil für das Allgemeine betrachten, weil dadurch solche Verabredungen schwieriger gemacht, und die Verbindung der Londner mit den auswärtigen Speculanten gestört werden wird.

Es verdient noch erwähnt zu werden, daß die jährliche Kohlen-Einfuhr in London über 1,088,000 Caldrons beträgt.

Man

Man könnte der Allgemeinheit unserer Berechnungen noch entgegensetzen, daß die Verschiedenheit der Kohlenpreise an verschiedenen Orten, auch eine Verschiedenheit in den Kosten der Gaserleuchtung bewirken muß. Aber aus zwei Gründen ist diese Bemerkung nicht von Erheblichkeit. 1) In Herrn Murdochs Berechnung pag. 47 sind unter den, überhaupt auf 600 Pfund angenommenen jährlichen Erleuchtungskosten der Baumwollenfabrik, 550 Pfund als die Zinsen vom Einrichtungscapital und Unterhaltungskosten begriffen, und der Ankauf von Kohlen nur mit 50 Pfund angesetzt; eine Summe, die, wenn wir erwägen, daß dadurch für 2000 Pfund Lichte ersetzt werden, so unbedeutend ist, daß der Vortheil im Ganzen, auch bei dem höchsten Kohlenpreise, wenig verringert werden kann.

Eben dieses gilt von der Berechnung des Herrn Ackermann pag. 49.

2) Die Steinkohle wird durch Extrahirung des Gases und der übrigen bereits abgehandelten Substanzen, in eine Substanz von größerem Umfange und vermehrter Heitzungskraft, nehmlich Coake, verwandelt, und da eine Manufactur gewöhnlich, sowohl Heitzung als Erleuchtung bedarf, so findet bei beiden ein Gewinn statt. Wenn der Fabrikinhaber seine Steinkohlen destillirt, anstatt sie roh, wie sie aus der Grube kommen, zu verbrennen, so spart er die Lichter, und verbessert sein Feuerungsmaterial. Eine einzige Anstrengung bei der anfänglichen Einrichtung des Apparats, wird seine jährliche Ausgabe, für diese beiden unentbehrlichen Artikel, in derselben Art vermindern, (wenn gleich in einem höheren Maaße) als der Landwirth durch Erbauung einer Dreschmaschine und Abschaffung des Flegels gewinnt.

Die Hauptausgabe bei diesem Zweige des bürgerlichen Haushalts besteht demnach in dem todten Einrichtungs-Capital. Das fortlaufende oder lebendige Capital ist verhältnißmäßig sehr gering. Sollte das Publikum unseren Rath über diesen Gegenstand verlangen, so würden wir ihn dahin abgeben, daß kein Privateinwohner von London, der Ersparniß beabsichtiget, es versuchen möge, die Gaserleuchtung mit einem eignen Apparat einzuführen, dessen jährliche Ausgabe für Lichter nicht mehr als 60 Pfund beträgt, weil die Kosten der Errichtung und Bedienung eines kleinen und größeren Apparats, nicht sehr verschieden sind. Denn wenn nicht Gas genug gebraucht wird, um die Retorten beständig rothglühend und in Arbeit zu erhalten, so werden die Kosten gegen obige Berechnungen bedeutend erhöhet, weil man entweder die leeren Retorten beständig fortheitzen, oder das Feuer ausgehen lassen muß. Denn wenn die Retorten einmahl kalt geworden sind, können sie nicht ohne bedeutende, zwecklos verwendete Feuerungskosten, wieder in einen arbeitenden Zustand gesetzt, d. h. rothglühend gemacht werden. Wenn daher die Retorten beständig in Thätigkeit erhalten werden, so wird die Hälfte der zur Gaserzeugung nöthigen Kohlen erspart. Soll aber eine ganze Straße oder mehrere nachbarliche Häuser erleuchtet werden, und dazu eine Quantität von Gas nöthig sein, welche die Retorten in beständiger Arbeit erhält, so kann man mit Sicherheit die Unternehmung anfangen, weil alsdann die Einrichtungs- und Bedienungs Kosten bald durch die wohlfeilere Erleuchtung gedeckt sein werden.

Privatpersonen können sich daher mit Sicherheit auf die Destillation der Kohlen und den Handel, mit den daraus gewonnenen Producten, einlassen. Die Erleuchtung von Städten ist ohne privilegirte Corporationen möglich, und Kirchspiele können durch etwa eben so viele Individuen erleuchtet werden, als sich Straßen in denselben befinden.

Nach den von Herrn Clegg angestellten Versuchen, über die Wirkungen einer Anzahl Gaslichter von einer gewissen

Stärke, kann man mit Grunde annehmen, daß die Straßen kleinerer Städte durch einen mit Gaslampen versehenen Thurm oder Pagode wohlfeiler als durch die gewöhnlichen Straßenlampen erleuchtet werden können, wenn das Gas durch den darunter angebrachten Apparat zur Spitze diises Thurms geführt, und die Flamme alsdann, vermittelst eines unter einem passenden Winkel angebrachten Reflectors, wieder herab auf die zu erleuchtenden Gegenstände geworfen würde. Durch eine solche Einrichtung würden sowohl die Hauptröhren erspart werden, welche das Gas durch die Straßen leiten, als die Nebenröhren, welche aus diesen zu den Straßenlampen gehen, und dadurch die Kosten des Thurms gedeckt werden.

Die vortheilhafteste Anwendung des Gaslichts findet offenbar da statt, wo eine starke Erleuchtung eines kleinen Raums erfordert wird; wo aber das Licht mehr verbreitet werden soll, sind die Vortheile geringer. Daher kann die Straßenerleuchtung allein, wenn sie nicht zugleich auf Häuser und Kaufläden ausgedehnt wird, nie mit der gehörigen Oeconomie geschehen.

Wir haben schon oben als Grund, warum der Preis der Kohlen nur wenig Einfluß auf die Kosten der Gaserleuchtung haben kann, erwähnt, daß auch der Abgang und die kleinen Kohlen: Schlacken genannt, welche durch das Sieb an der Grubenmündung fallen, und auf dem Markt nicht verkäuflich sind, ja daß selbst der Grubenkehrigt, welcher weggeworfen wird, zur Destillation gebraucht werden können. Denn hierbei kömmt auf die Form der Kohle nichts an, und dieser Umstand kann die Kohlenhändler in den Stand setzen, künftig die Kohlen in größeren Stücken, wie sie aus den Gruben kommen, zu verkaufen, statt durch die jetzt übliche Verkleinerung *) deren Umfang zu vergrößern.

*) Man glaubt nicht welche Verschwendung bei dem Bren-

Dieses vermindert offenbar ihren Werth, weil die Quantität von Hitze, welche bei der Verbrennung irgend eines Feuerungsmaterials entsteht, sehr von der Behandlung des Feuers oder von der Art und Weise abhängt, wie das Material verbrannt wird. Eine lustige glänzende Flamme giebt mehr Hitze, als eine kränkelnde blos glimmende, weil bei letzterer ein großer Theil des Wärmestoffs in dickem Dunst oder Rauch verloren geht, und das gekohlte Wasserstoffgas der Kohle unentzündet durch den Schornstein entweicht.

---

nen kleiner Kohlen in offenen Kaminen statt findet. Das Rühreisen muß bei kleinen Kohlen häufiger gebraucht werden, und aus Gewohnheit thut man es dann auch bei großen. Durch dieses beständige Umrühren fallen die kleineren unverbrannt durch den Rost, und gerathen dann in das Aschenloch. Um uns hiervon zu überzeugen, dürfen wir nur eine Schaufel voll Asche in einen Eimer thun und Wasser darauf gießen, welches bei seinem langsamen Steigen die leichten ausgebrannten Theile mit in die Höhe nehmen, auf dem Boden aber eine unglaubliche Menge unverbrannter, glänzender Steinkohle zurücklassen wird. Wenn der Rost breit ist, und die kleinen Kohlen schicklich gelegt werden, oder wir Geduld genug haben, 1 oder 2 Stunden Kälte zu ertragen, oder Unwirthlichkeit genug, das Feuer einige Stunden früher brennen zu lassen, als wir dessen bedürfen, so können allerdings auch kleinere Kohlen gebraucht werden; indeß geben sie weder ein so starkes, noch so glänzendes, noch so dauerndes Feuer als größere; müssen oft umgerührt werden, und verursachen viel Zug.

Noch bedeutender trifft der Verlust bei kleinen Kohlen arme Leute, welche nicht im Stande sind große Feuer zu unterhalten. Ihre Zeit zum Frühstück und Mittagsessen ist beschränkt, und um ihr Wasser schneller zum

Nichts kann widersinniger und zugleich verschwenderischer und schmutziger sein, als die Art, wie unsre Caminfeuer gewöhnlich vom Gesinde behandelt werden. Sie werfen eine ganze Ladung von Kohlen, vielleicht lauter kleine, auf einmahl hinein, durch welche es stundenlang dauert, ehr die Flamme hervorbricht, und gewöhnlich können sie nur mit vieler Mühe verhindern, daß das Feuer nicht ganz erstickt. Während dieser Zeit wird dem Zimmer gar keine Wärme mitgetheilt, und was noch übler ist, da die Röhre des Rauchfanges blos von einem schwe-

---

Sieden zu bringen, und ihr Fleisch gar zu kochen, müssen sie häufig umrühren, und dadurch viel Kohlen verlieren. Diese Thatsache ist so gewiß, daß jeder der Lust hat den vorerwähnten Versuch zu machen, in dem Aschenloche der Armen, bei weiten mehr glänzende Kohle finden wird, als in dem des Reichen, auf dessen größeren Heerden die kleinen Kohlen besser in Brand kommen.

Der Verlust wird dadurch noch größer, daß der Arme nur die schlechtesten Kohlen bezahlen kann. Brennt er die leichte Sorte, so verzehrt sie sich zu schnell, und er gebraucht noch einmahl so viel. Die harte Sorte brennt wiederum zu langsam, und dadurch fast eben so verschwenderisch, indem eine Menge davon unverbrannt in das Aschenloch fällt.

Man glaubt gewöhnlich unrichtiger Weise, daß das Gewicht der in einem Sack enthaltenen Kohlen dadurch vermindert wird, wenn man die kleineren Stücke von den größeren trennt, oder absiebt. Aber wir müssen bedenken, daß jeder compacte Körper weniger Raum einnimmt, als seine zerstückelte oder pulverisirte Masse. Durch das Sieb werden aber blos die feinsten, staubigten Theile von den Kohlen getrennt, an deren Stelle mehrere größere, also schwerere, in den Sack gefüllt werden.

ren dichten, keine Heitzkraft besitzenden Dunst erfüllt ist, der wenig Elasticität besitzt, so findet die wärmere Zimmerluft weniger Schwierigkeit, sich einen Weg durch den Rauchfang zu bahnen und zu entweichen, als wenn die Flamme hell brennt, und das Kohlengas entzündet ist. Und es ereignet sich nicht selten, besonders bei schlecht angelegten Kaminen und Heerden, daß dieser warme, in den Rauchfang gepreßte Luftstrom, sich mit dem Strome von schwererem Rauche und wäßrigem Dunst begegnet, welcher von dem Schmauchfeuer langsam aufsteigt, und ihm so den Ausweg sperrt, und in das Zimmer zurücktreibt. Daher rauchen Kamine so häufig, wenn zu große Quantitäten frischer Kohlen auf einmahl aufgeschüttet werden; denn diese Quantität muß nie so groß sein, daß der freie Durchgang der Flamme durch ihre Zwischenräume gehemmt wird. Kurz das Feuer darf nie schmauchen, und wenn man sich nur hütet, auf einmahl zu viel Kohlen aufzuschütten, wird das Rühreisen selten nöthig sein, und dieser Umstand zugleich nicht wenig zur Reinlichkeit und Conservation des Hausgeräths beitragen.

Der Verfasser eines Aufsatzes in dem Plain dealer behauptet, daß von der mannigfachen verkehrten Anwendung unsrer Fähigkeiten, keine ein menschliches Wesen lächerlicher macht, als wenn es ein Feuer ohne Beurtheilung umrührt *), und um dieses zu vermeiden, stellt er folgende Sätze auf:

1) Das Aufrühren des Feuers ist üblich geworden, weil dadurch eine Höhlung entsteht, in welche, weil die Luft durch die Hitze verdünnt ist, die umgebende Luft hin-

*) So etwas kann wohl nur ein Engländer behaupten, der dieses Vaterland der Paradoxien niemals verlassen hat.
A. d. U.

einströmt, und dadurch der kränkelnden Flamme neues Leben giebt.

2) Daher muß man das Feuer nie aufrühren, wenn eben frische Kohlen aufgeschüttet sind, weil diese besonders, wenn sie klein sind, sogleich in die entstandene Höhlung fallen, also das Feuer durch Hemmung des Luftzuges verlöschen.

3) Die Roststangen müssen immer frei erhalten werden.

4) Man muß nie das Feuer von oben umrühren, als wenn es unten gelüftet ist, und dann darf die etwanige obere Rinde nur gebrochen werden.

Noch ein Gegenstand kann nicht übergangen werden. Das Publikum ist kürzlich durch die Behauptung beunruhigt, daß eine allgemeine Annahme der Gaserleuchtung, vermöge der leichten Entzündlichkeit des Gases, und der Möglichkeit einer Sprengung des Apparats, oder der Leitungsröhren, uns nicht zu berechnenden Gefahren aussetzen könnte. Aber diese Besorgniß ist grundlos.

Denn alle Kenner werden einräumen, daß der Gebrauch eines richtig construirten Gasapparats nicht gefährlicher ist, als der einer gut angelegten Dampfmaschine.

Die Verfertigung des Kohlengases erfordert nichts weiter, als was der unwissendste Arbeitsmann, mit einem gewöhnlichen Grade von Aufmerksamkeit, zu leisten vermag. Die Heitzung des Ofens, die Füllung der Retorten mit Kohlen, die luftdichte Verschließung derselben, so wie deren Erhaltung im rothglühenden Zustand, und endlich, nach beendigtem Proceß, die Herausnahme der Coke, als die allein nöthigen Operationen, erfordern gewiß nicht mehr Geschicklichkeit, als man durch einen kurzen praktischen Unterricht dem gewöhnlichen Arbeitsmann beibringen kann. Denn der Arbeitsmann bedarf weiter keines eignen Urtheils, weil, wenn das Feuer einmahl gehörig im Gange ist, die Gasentbindung, ohne weitere besondere Sorgfalt ihren Gang fortgeht.

Kein Theil der Maschinerie kann verwechselt, oder am unrechten Ort angebracht werden. Keine Kohlen dürfen umgerührt, keine Ventile geöffnet werden, und nur durch die äußerste Gewalt ist es möglich, den Apparat in Unordnung zu bringen. Wenn ein gewisser Gasvorrath einmahl gesammelt ist, können wir Behufs der Erleuchtung darüber eben so disponiren, als über Lichter und Oellampen.

Die von mehreren Individuen abgesondert angestellten Versuche, haben die Sicherheit dieser neuen Erleuchtungsart, zureichend außer Zweifel gesetzt, und es könnten jetzt eine große Anzahl Fabriken namhaft gemacht werden, wo die Gaserleuchtung seit 7 Jahren ohne den mindesten gefährlichen Zufall im Gange ist, obgleich deren Leitung den unwissendsten Arbeitern anvertraut ist.

Man könnte leicht die Ursachen einiger Vorfälle angeben, welche das Publicum beunruhigt haben, wenn dieses zu unserem Zwecke gehörte. Hier mag die Versicherung genügen, daß die unglücklichen Zufälle, die in einigen Fabriken, welche zu untersuchen ich Gelegenheit hatte, statt gefunden haben, lediglich durch die sehr fehlerhafte Construction des Apparats entstanden sind. So hat kürzlich in einer mit Gas erleuchteten Fabrik eine Explosion sich ereignet, weil eine große Menge Gas in einem benachbarten Raume überströmte, wo es, nach der Vermischung mit der atmosphärischen Luft, durch Annäherung eines brennenden Lichtes entzündet wurde. Daß dieses geschehen konnte, beweist weiter nichts, als daß der Apparat durch einen, mit den wesentlichen Grundsätzen seiner Kunst unbekannten Pfuscher, erbaut war, indem ein solcher Zufall durch eine weite, an den Gassammler angebrachte Röhre mit Sicherheit vermieden werden kann. Diese würde der

Anhäufung des überflüssigen Gases — wenn nehmlich der Gassammler zu klein ist, um alles sich entwickelnde Gas zu fassen — vorgebeugt haben, indem dasselbe dadurch außerhalb des Gebäudes in die freie Luft übergeführt wäre, eben so wie die weite Röhre in der Wassercisterne das überflüssige Wasser abführt, wenn die Cisterne voll ist. Eine solche Vorrichtung fehlte aber bei dem Apparat.

Daß sich das Kohlengas mit atmosphärischer Luft in einem verschlossenen Raume gemischt, bei Annäherung eines brennenden Körpers entzündet, ist schon pag. 68 bemerkt, und allgemein bekannt. Aber die Mittel einem solchen Zufall bei dem gewöhnlichen Gebrauche des Gaslichts vorzubeugen, sind so einfach, leicht und sicher, daß es lächerlich wäre, da eine Gefahr zu besorgen, wo keine vorhanden ist.

Inzwischen will ich dadurch nicht behaupten, daß nicht Umstände eintreten könnten, unter welchen dergleichen unglückliche Zufälle möglich werden. Denn es ist gewiß, daß das Kohlengas, wenn es sich in großen Massen in verschlossenen Räumen, wo kein Luftzug ist, z. B. Kellern u. s. w., anhäuft, und sich mit der Luft vermischt, bei Annäherung einer Flamme sich entzündet. Aber ich sehe die Wahrscheinlichkeit nicht ein, wie eine solche Anhäufung in einem Zimmer eines Wohngebäudes geschehen könnte. Schon der beständige Luftzug in solchen Zimmern verhindert eine solche Anhäufung. Und wie die Leitungsröhren platzen sollten, sehe ich nicht wohl ein, indem das sämmtliche Röhren durchströmende Gas nur den Druck einer etwa einen Zoll hohen Wassersäule erleidet, welcher ohnmöglich eiserne Röhren sprengen kann.

Eben so wenig kann eine durch Gas erleuchtete Stadt, durch das Platzen einer Leitungsröhre, wenn dieses auch möglich wäre, plötzlich in einen Zustand der Finsterniß versetzt werden, wie man behauptet hat, indem die zu den

Gebäuden und Straßenlampen führenden Seitenröhren durch mehr als eine Hauptröhre gespeiset werden. Die Zersprengung einer Hauptröhre würde blos die Folge haben, daß einige der nächsten Lampen verlöschen, weil die über die Grenze des Bruchs hinaus liegenden Nebenröhren, nach wie vor, durch andre Hauptröhren versorgt werden würden, wie die Zeichnung Taf. VIII. Fig. 3. dieses deutlicher machen wird.

Der a bezeichnete Gassammler hält 22000 Cubikfu.

Der b bezeichnete 15928 Cubikfuß.

Der c bezeichnete in Westmünster 14808 Cubikfuß.

Die schwarzen Linien bezeichnen hier die großen oder Hauptröhren, von welchen die kleineren auslaufen. Sie sind an den A B C bezeichneten Stellen verbunden, und die punctirten Linien deuten die Nebenröhren an. Alle Hauptröhren sind mir 100 Fuß von einander angebrachten Ventilen oder Hähnen versehen. Nun wollen wir annehmen, daß irgend eine Hauptröhre in der, in der Zeichnung Pall mall benannten Straße platzt, so ist es durch die bloße Ansicht deutlich, daß das durch die Hauptröhre in Straad strömende Gas, welche mit den Hauptröhren in Haymarket, Piccadilly und Coventrystreet verbunden ist, fortfahren würde, die geplatzte Röhre zu speisen, und daß durch Verschließung des Hahnes, welcher der geplatzten Stelle am nächsten ist, einem bedeutenden Gasverlust vorgebeugt werden kann, folglich nur die wenigen, zwischen beiden Hähnen und dem Sprung befindlichen Lampen, verlöschen werden.

Wir wollen ferner annehmen, daß eine Hauptröhre in Piccadilly platzte. Wenn in diesem Fall die Hähne an beiden Seiten des Sprunges geschlossen werden, so würde das Gas aus den Hauptröhren in Haymarket und St. Jamesstreet zuströmen, und eben dieses würde in allen übrigen, mit Gasröhren versehenen Theilen der Stadt, der Fall sein. Ueberdies haben wir in dieser ganzen Auseinanderſetzung angenommen, daß die Hauptröhren alle von einem einzigen Apparat verſorgt werden, welches aber nicht der Fall iſt. Denn die Gasröhren gehen von drei beſondern, in verſchiedenen Theilen der Stadt befindlichen Etabliſſements aus, und das durch dieſe Etabliſſements gelieferte Gas iſt mit dem ganzen Röhrenſyſtem in den Straßen zuſammenhängend, wie die Zeichnung dieſes deutlich macht. Wenn daher auch ein Etabliſſement eingehen ſollte, ſo würde dieſes keinen Unterſchied machen, weil die beiden anderen noch Gas genug liefern würden.

Dadurch wird es einleuchtend, daß die Sprengung einer Röhre, ja ſelbſt die gänzliche Vernichtung eines oder zweier Etabliſſements, keine gefährliche Folgen haben würde, und bei größerer Ausdehnung des Erleuchtungsplans, werden die zur Erzeugung des Gaſes ſich vervielfältigenden Anlagen, die Sicherheit und Wirkung des Ganzen noch zuverläſſiger machen. In der That kann durch die Gaserleuchtung in keiner Art mehr Gefahr entſtehen, als durch Lichter und Lampen jeder Art bei deren unvorſichtigen Gebrauch. Und ſelbſt in dieſer Hinſicht ſind Gaslampen weniger gefährlich. Denn alle Gefahren welche durch das Laufen oder Herunterbrennen der Lichter, und durch verabſäumtes Putzen entſtehen, fallen hier weg. Denn die Gaslampen müſſen nothwendig befeſtigt ſein, können alſo nicht fallen oder ſonſt in Unordnung gerathen, ohne daß ſie ſogleich verlöſchten. Ueberdies ſpritzen Gaslampen keine Funken, und geben keine heiße Aſche. Als ein ſicherer Beweis der minderen Gefahrloſigkeit der Gaserleuchtung darf nur bemerkt werden, daß die Brandverſicherungsanſtalten die Baumwollenfabriken und andre öffentliche Anſtalten für einen geringeren Beitrag aufnehmen, wenn ſie mit Gas, als wenn ſie auf jede andre Art erleuchtet werden *). Die

*) Während des Abdrucks des Vorhergehenden iſt mir eine

Höhe der Assuranzprämie, welche durch die große Anzahl Lichte, und die feuergefährliche Bauart unserer vorzüglichsten Fabriken entsteht, verbunden mit der großen Schwierigkeit, den Schaden welchen eine solchen Fabrik durch die zufällige Zerstörung der Maschinerie erleidet, völlig zu ersetzen, sind allein hinreichend, sowohl in öconomischer als

---

von Herrn Clegg erfundene, sich selbst verlöschende Gaslampe zu Gesicht gekommen. Sie ist so eingerichtet, daß das Gas nicht zur Brennmündung strömen kann, sobald die Flamme erlischt Wenn man die Lampe ausbläßt, so hat man nicht nöthig den Hahn zu schließen, weil dieses schon durch das Verlöschen der Flamme geschieht. Der Mechanismus ist auf die Ausdehnung einer metallenen Stange gegründet, welche durch die Flamme der Lampe erhitzt wird, und dadurch verlängert das Ventil offen erhält, wogegen, wenn durch Verlöschung der Flamme die Stange kalt wird, und zu ihrer natürlichen Länge zurückkehrt, dadurch das Ventil zufällt. Derselbe Ingenieur hat eine Maschine erfunden, welche auch in Abwesenheit des Beobachters, die Quantität Gas, welche irgend eine mit einer Hauptröhre verbundene Gasröhre ausströmt, nicht nur mißt, sondern auch das Resultat andeutet. Diese Maschine nimmt einen Raum von etwa 2 Fuß Länge und 1 Fuß Breite ein, und giebt, wenn man sie in einem Zimmer oder anderen Ort stellt, wo Gas gebrannt wird, durch bloße Ansicht, Rechenschaft von der in diesem Zimmer während einer bestimmten Zeit verzehrten Menge Gas. Bei dieser Gelegenheit mehr von diesen Erfindungen zu sagen, würde unpassend sein, weil der Herr Erfinder ohne Zweifel das Publicum selbst davon unterrichten wird. Indeß erlaube ich mir die Bemerkung, daß sie einen ehrenvollen Beweis von dem Talent und der Geschicklichkeit des Herrn Erfinders geben, und allen die mit der Gaserleuchtung zu thun haben, von großem Nutzen sein werden.

staatswirthschaftlicher Hinsicht, allen Fabriken, wo bei Lichte gearbeitet wird, die Gaserleuchtung auf das wärmste zu empfehlen.

Wenn man diese Thatsache einer nähern Aufmerksamkeit würdiget, werden sich dem Leser noch manche Vortheile der Gaserleuchtung aufdringen. Ich habe immer nur die gegenwärtige Lage dieser Angelegenheiten vor Augen gehabt. Scharfsinnige Männer mögen aus dem was geschehen ist, Folgerungen ziehen, von dem was nach geschehen kann, und dieses wird gewiß von der höchsten Gemeinnützigkeit sein. Die öffentliche Aufmerksamkeit ist einmahl auf die Steinkohlen gerichtet, und wird nicht eher ruhen, als bis ihre ökonomische Anwendung die höchste Ausdehnung erreicht hat. Die Staatseinkünfte werden anfangs dadurch leiden; denn je ausgebreiteter die Anwendung des Gaslichts wird, desto mehr vermindert sich der Oel- und Talgverbrauch, und also der Ertrag der darauf ruhenden Abgaben. Alsdann aber wird das Gouvernement durch Erhebung einer Auflage von der Gaserleuchtung, den Vortheil mit dem Publico theilen. Die Staats-Casse hat also nichts zu besorgen, indem die verminderte Einnahme, von einem Gegenstande, durch die erhöhte von einem anderen, gedeckt werden kann.

Kurz wenn wir erwägen, daß durch die Gaserleuchtung eine neue Quelle des Nationalreichthums eröffnet wird, aus welcher, wie sich jetzt schon übersehen läßt, neue Erwerbs-Canäle ausströmen werden, so kann man die Freunde derselben keiner Anmaßung zeihen, wenn sie ihren Blick mit Zutrauen auf die Erweiterung dieser neuen Kunst vorwärts richten, und sollte es, wider Vermuthen, der Eifersucht und dem Vorurtheile gelingen, ihre Fortschritte hie und da zu hemmen, so muß am Ende die Unwissenheit, welche allein dabei zu Grunde liegt, einer standhaften Ausdauer weichen.

Tabellarische Uebersicht, von den Quantitäten Gas, Coake, Theer, wesentlichem Oel und Ammoniacal-Liquor, welche aus einer gewissen Quantität Steinkohlen gewonnen werden; verbunden mit einer Schätzung der Quantität Steinkohle, welche nöthig ist, um eine Erleuchtung hervorzubringen, welche an Dauer und Helligkeit der Erleuchtung durch eine bestimmte Quantität Talglicht gleich kömmt.

Ein Chaldron Steinkohlen von 25 bis 28 Centner	Preis der Kohle.			Gewicht der Kohlen in Pfunden.			Kohlengaserzeugung in Cubikfuß.		
	Minim.	Max.	Durchs.	Minim.	Max.	Durchs.	Minim.	Max.	Durchs.
	40 Schil.	60 Schil.	50 Sch.	2800	3136	2968	8906	11872	10388
Eine Tonne	30	48	38:6	—	—	2240	6720	8960	7840
Ein Sack	3:4	5	4:2	233	261	247	741	988	814
Ein Bushel	1:2	1:8	1:5	78	87	82½	247	330	290
Ein Peck	—:3½	—:5	—:4¼	19½	21¼	20½	61	82	71½
Ein Pfund	—	—	—:¾	—	—	1	3	4	3½

sind gleich eben so vielen Talglichten 12 auf das Pfund, welche 2 Stunden lang brennen (also 1 Cubikfuß Gas ist gleich einem solchen Lichte) oder auch:

Talglichtern Anzahl in Stücken.

9516. 11 Stück auf das Pfund.

8641. 10 dito

7786.	9 Stück auf das Pfund.
6921.	8 dito
6556.	7 —
5194.	6 —
4325.	5 —
3463.	4 —
2595.	3 —
1730.	2 —
366.	1 —

Coake. 1 Caldron Steinkohlen giebt $1\frac{1}{4}$ bis $1\frac{1}{2}$ Caldrons Coke.

Theer. 1 Caldron Kohlen giebt 150 bis 180 Pfund Theer. — 1000 Pfund Theer geben 260 bis 265 Pfund wesentliches Oel oder Naphtha. — 1000 Pfund Theer geben durch bloße Abdunstung 460 bis 480 Pfund Pech.

Ammoniacal-Liquor. 1 Caldron Kohlen giebt 220 bis 240 Pfund Ammoniacal-Liquor oder 22 bis 24 Ale-Gallonen, jede zu 10 Pfund.

Tabellarische Uebersicht der Erleuchtungskraft des Kohlengases in Vergleich mit der Erleuchtungskraft verschiedener Sorten Talglichter.

Ein Caldron Steinkohlen giebt nach Maasgabe seines Gewichts und der Beschaffenheit Cubikfuß Gas.				Durchschn.	Brennzeit.		Zahl der Lichte 12 à Pf.		Zahl der Lichte 6 à Pf.
9000	bis	12000	—	10500	1	Stunde	21000	—	10509
—		—		—	2	dito	10500	—	5250
6000	—	8000	—	7000	3	—	7000	—	3500
4500	—	6000	—	5250	4	—	5250	—	2625
3600	—	4800	—	4400	5	—	4400	—	2200
3000	—	4000	—	3500	6	—	3500	—	1750
2571	—	3428	—	3005	7	—	3005	—	1502
2250	—	3000	—	2625	8	—	2625	—	1312
2000	—	2666	—	2333	9	—	2333	—	1166
1800	—	2400	—	2100	10	—	2100	—	1050
1636	—	2191	—	1913	11	—	1913	—	956
1500	—	2000	—	1750	12	—	1750	—	875
1384	—	1846	—	1615	13	—	1615	—	807
1285	—	1714	—	1499	14	—	1499	—	749
1200	—	1600	—	1400	15	—	1400	—	700
1125	—	1500	—	1312	16	—	1312	—	656
1058	—	1411	—	1234	17	—	1234	—	617
1000	—	1333	—	1166	18	—	1166	—	583
947	—	1263	—	1105	19	—	1105	—	552
900	—	1200	—	1050	20	—	1050	—	525
857	—	1143	—	1000	21	—	1000	—	500
818	—	1095	—	956	22	—	956	—	478
783	—	1044	—	913	23	—	913	—	456
750	—	1000	—	875	24	—	875	—	437

NB. Wollte man nun wissen, auf wie viel Stunden 1 Pfund oder Peck, oder Bushel, oder Sack Steinkohlen, eine Gaserleuchtung hervorzubringen im Stande ist, welche der Erleuchtung von einer gewissen Anzahl wohlgeputzter Talglichter gleich kömmt, so verhält sich ein jedes Durchschnittsgewicht eines Pfundes, Pecks, Bus-

Bushels oder Sacks zu dem Durchschnittgewicht eines Chaldrons folgendergestalt:

1 Pfnud = $\frac{1}{2968}$ Chaldron. 1 Peck (20 Pfund) = $\frac{1}{148}$ Chaldron.
1 Bushel (82 Pf.) = $\frac{1}{36}$ Chaldr. 1 Sack (248 Pf.) = $\frac{1}{12}$ Chaldr.

Regel. Man dividire durch irgend einen der obigen Gewichtstheile, die Zahl der Lichte, welche neben der Brennzeit angegeben ist, und der Quotient wird die Anzahl der Lichte ergeben, welche dieselbe Anzahl Stunden hindurch brennen.

Beispiel. Man will wissen, wieviel Licht ein Peck Kohlen 6 Stunden hindurch giebt. Man dividire also mit 148 (als die Zahl der Theile welche der Peck vom Chaldron ausmacht) in 3500 (als der neben der Brennzeit von 6 Stunden bemerkten Lichterzahl). Der Quotient, etwa 23¾, giebt die verlangte Anzahl Lichte à 12 per Pfund. à 6 per Pfund würden etwa 11⅞ Stück herauskommen.

Sechstes Capitel.

Beschreibung des Gasapparats im Großen. Taf. I.

Dieser Apparat*) von mittlerer Größe ist zur Erleuchtung von Factoreien oder mehrerer Häuser geeignet. Er besteht aus folgenden Theilen:

Fig. 1. Der Retortenofen zur Destillation der Kohlen ist von Ziegelsteinen erbaut. Die der unmittelbaren Wirkung

*) Er ist von Herrn Clegg erbaut, nud jetzt in dem Etablissement des Herrn Ackermanns in Thätigkeit.

des Feuers ausgesetzten Ziegelsteine sind Welchlumps oder Klinkern (fire-briks). Sie sind mit Clay oder Windsor-Lehm gemauert.

Fig. 2. Der Theerbehälter zur Sammlung des Kohlentheers und der übrigen Nebenproducte, besteht aus einem hohlen Cylinder von gegoßenem Eisen, und ist oben mit einem Deckel von derselben Materie verschlossen, der ein sehr kleines Loch hat, durch welches die Luft entweichen kann, wenn der Theer in das Gefäß fließt.

Fig. 3. Der Kalkbehälter um das Gas zum Gebrauch zu reinigen. Er ist von Platten aus Gußeisen zusammengesetzt, und wird bei Taf. VII. näher erklärt werden.

Fig. 4. Der Gassammler zur Sammlung, Aufbewahrung und beliebigen Vertheilung des gereinigten Gases. Er besteht aus zwei Haupttheilen, nehmlich: aus einem großen, inwendigen, oben verschlossenen und unten offenen Gefäß von Eisenblech, dessen Bestimmung es ist, das Gas einzuschließen, und aus einem auswendigen Gefäß oder Cisterne von größerem Inhalt, aus Platten von Gußeisen zusammengesetzt, in welchem das vorige aufgehängt ist. Dieses letztere enthält das Wasser, wodurch das Gas eingesperrt wird. Das innere Gefäß ist an über Rollen laufende Ketten aufgehängt, an denen Gewichte befestiget sind, welche grade hinreichend sind, das Gewicht des Gasbehälters, jedoch mit einem geringen Ueberschuß des letzteren, aufzuwiegen, und welche dessen allmähliges Herabsteigen mit einer Schnelligkeit erlauben, wie sie zur zweckmäßigen Versorgung der Lampen gerade erforderlich ist *). Das Material der Ketten muß dieselbe specifische Schwere haben, als das Material aus welchem der Gasbehälter ge-

*) Dieser Hauptumstand muß wahrscheinlich bei jedem Gasapparat durch Versuche ausgemittelt werden.
A. d. U.

macht ist, damit das Gegengewicht für die Quantität Wasser, welches der Gasbehälter verdrängt, mit Genauigkeit regulirt werden kann; oder mit anderen Worten: es muß dem Gewichtverlust gleich sein, welchen der Gasbehälter bei dem Eintauchen in das Wasser erleidet. Die an den Ketten hängenden Gegengewichte aber, müssen dem absoluten Gewichte des Gasbehälters gleich, oder vielmehr beinahe gleich sein.

Die Wirkung dieser verschiedenen Theile des Apparats wird durch folgende Erklärung deutlicher werden.

A A sind zwei eiserne Retorten, welche in dem Ofen horizontal neben einander liegen. Die Mündungen derselben, wodurch die Kohlen eingefüllt werden, gehen in einen gewölbten, vorn an dem Heitzungsloche des Ofens befindlichen Raum, wie man in der Zeichnung durch das abgebrochene Mauerwerk wahrnehmen kann. Diese Führung der Mündung der Retorten in einen besonderen gewölbten Raum, hat weiter keinen Zweck, als nach Beendigung des Processes die rothglühende Coake mit Bequemlichkeit heraus zu nehmen; indem man sie auf den Boden dieses Raums herabfallen läßt, wo sie sich abkühlen, ohne dem Arbeiter beschwerlich zu sein. Sie können alsdann aus diesem feuerfesten Behältniß, durch die in der Zeichnung angedeutete Thür herausgenommen werden.

Wenn die Operation anfängt, wird der innere Behälter des Gassammlers Fig. 4. herabgesenkt, bis er mit dem äußeren Behälter gleich hoch steht, und also sich mit Wasser füllt, um die darin enthaltene Luft auszutreiben. Beim Fortgang der Operation steigen die sich entwickelnden wäßrigen und gasartigen Producte durch die perpendiculären Röhren B B in die damit verbundene horizontale Röhre oder Haupt-Condensator C. Die übergehende Flüssigkeit sammelt sich in dieser Röhre C, und bleibt darin so lange, bis sie hoch genug steigt, um in die Röhre D überzuströuen, welche am oberen Rande der Röhre C in dieselbe hineingeht. Dadurch wird die untere Oeffnung der Röhren B B in die Flüssigkeit, welche die Röhre C enthält, eingetaucht, während das wäßrige, oder dunstförmige noch verdichtbare Fluidum, nachdem es den ihm hier entgegen stehenden Druck überwunden hat, in die Röhre E übergeht, und dann, nachdem es schlängelnd auf dem durch E E u. s. w. bezeichnete Wege durch den äußeren Behälter des Gassammlers gegangen ist, in den Theerbehälter Fig. 2. ausfließt. Solchergestalt wird das wäßrige Fluidum durch die Schlange verdichtet; während das nicht verdichtbare gasartige Fluidum zwar denselben Weg nimmt, aber vermöge seiner Leichtigkeit am Ende der abwärts laufenden Röhre E sich von dem wäßrigen Fluido trennt, und durch die in E hineingehende Röhre F aufsteigend, sich in den Kalkbehälter Fig. 3. ergießt. In diesem Behälter kömmt das Gas, so roh es von den Kohlen entwickelt ist, mit dem gelöschten Kalke und Wasser in Berührung, dessen Zweck ist, das jederzeit häufig damit verbundene geschwefelte Wasserstoffgas und kohlensaure Gas davon zu trennen, und es dadurch zur Erleuchtung geschickt zu machen. Das solchergestalt gereinigte Gas wird nun aus dem Kalkbehälter durch die Röhre G in die durch den Boden der Cisterne, des Gassammlers gehende perpendiculäre Röhre H geführt, welche durch punctirte Linien angedeutet ist. Diese Röhre ist oben mit einem unten offenen cylindrischen Gefäße I wie mit einer Kappe bedeckt, welches etwas in das Wasser, das sich in dieser Cisterne befindet, eingetaucht, und ohnweit des unteren Randes mit vielen kleinen Löchern durchbohrt ist. So wie daher das Gas aus der Röhre H ausfließt, verdrängt es das Wasser aus diesem Recipienten I, strömt durch die kleinen Löcher aus, und wird gezwungen durch das Wasser in der Cisterne zu gehen, welches demselben eine große Oberfläche entgegensetzt, damit es desto besser gewaschen, und von den beim Durchgang durch den Kalkbehälter etwa noch hängen gebliebenen fremdartigen Theilen völlig gereiniget werde.

Wenn es nun durch das Wasser in der Cisterne gegangen ist, steigt es in den eigentlichen Gasbehälter auf, welcher sich in demselben Maaße erhebt, als das Gas hinein dringt.

Dieses ist der Gang des Processes, bis die Kohlen in den Retorten völlig ausgebrannt sind, welche man alsdann etwas abkühlen läßt, von der Coake leert, und von neuem mit Kohlen füllt. Der Gassammler hat auch den Nutzen, daß er die Entwickelung des Gases, welches bald geschwinder, bald langsamer, aus den Retorten strömt, gleichförmig regulirt. Denn beim schnelleren Entwickeln erhebt sich der Gasbehälter um es zu fassen, und bei nachlaßender Geschwindigkeit, treibt das Gewicht des Gassammlers seinen Inhalt aus, vorausgesetzt daß der Haupthahn offen ist; und wenn dieser offen ist, sinkt der Gasbehälter, und das Gas strömt durch die punktirte Röhre K zu den Brennmündungen, oder zu der Hauptröhre, von welcher die Brennmündungen ausgehen.

L ist eine hölzerne Tonne, welche das Kalkwasser zur Füllung des Kalkbehälters enthält, und geschieht die Füllung durch die gekrümmte Röhre M ohne Zutritt der freien Luft.

N N ist eine Röhre, welche dazu dient, die Cisterne von Zeit zu Zeit mit frischem Wasser zu füllen, welches nöthig ist, weil das Wasser, sobald es zu verderben anfängt, nicht mehr vollkommen reiniget, und dem brennenden Gase einen üblen Geruch mittheilt. Aus demselben Grunde muß der Kalkbehälter von Zeit zu Zeit frisch gefüllt werden. Dieselbe Röhre leitet das Wasser in die Tonne L. O ist eine weite Röhre, um das Wasser aus der Cisterne abzulassen, sobald es von den Unreinigkeiten des Gases zu sehr geschwängert ist. P ist ein Rührholz, um das Kalkwasser im Behälter von Zeit zu Zeit umzurühren. Q Q sind zwei eiserne Stangen, um die Bewegung des Gasbehälters zu leiten. R ist eine Scheibe mit einem Zeiger, welcher durch eine an einer Stange befestigten Rolle mit der Axe einer der am Gassammler befindlichen Rollen zusammenhängt. Diese Scheibe ist nach Maasgabe des cubischen Inhalts des Gasbehälters graduirt, so daß sie den durch das Steigen und Sinken des Gasbehälters stets veränderten Gasinhalt desselben, in Cubikfüßen andeutet. S ist eine weite Röhre am Kalkbehälter, um die unauflöslichen Theile des Kalkes dadurch fortzuschaffen. T stellt den eisernen Retortendeckel besonders vor, der so vollkommen in deren Mündung auf der Drehbank eingedreht sein muß, daß er sie durch bloßes Aufsetzen luftdicht verschließt. U ist ein eiserner Riegel, um den Deckel anzudrücken, und an seiner Stelle festzuhalten. Die Retorte linker Hand in der Zeichnung ist in dem geschlossenen und verriegelten Zustande vorgestellt.

An dem Gassammler ist noch ein Sicherheitsventil angebracht, welches in der Zeichnung nicht abgebildet werden konnte, und welches den Zweck hat, das überflüssige Gas abzuleiten, wenn ein sorgloser Aufseher mehr sich entwickeln läßt, als der Gasbehälter fassen kann, um dessen gefährliche Anhäufung zu vermeiden. Dieses ist auf Taf. VII. in der Ecke rechter Hand besonders abgebildet, und stellt die Zahl 1 den Rand des Gasbehälters vor, 2 den Wasserstand innerhalb desselben, 3 den Wasserstand äußerhalb in der Cisterne, 4 eine vom unteren Rande des Gasbehälters ausgehende Röhre, welche an ihrem oberen Ende von der 5 bezeichneten Schale umgeben ist, 6 die weite Röhre, deren untere Oeffnung in das Wasser der Cisterne hinabgeht. Durch diese Zeichnung wird es deutlich, wie das überflüssige Gas, welches man, wenn der Gasbehälter voll ist, noch hineinzulassen versuchen sollte, durch die Röhre 4 in die weitere Röhre 6 geht, und durch diese, deren oberes Ende bis aus dem Gebäude hinaus reicht, in die freie Luft abgeführt wird.

Die Platten II. III IV. V. sind bereits erklärt. Siehe pag. 55, 80, 81 und 82.

Taf. VI. Fig. 1. Ist eine Zeichnung von dem Gerippe oder Rahmen des Gasbehälters, welcher dazu dient, demselben Festigkeit und Stärke zu geben. Es besteht aus einem Gerüst von hölzernen Balken A A A, mit eisernen Querstangen B B B an einander befestiget. Es ist so eingerichtet, daß es in der Cisterne horizontal schwebt, und daher den Gasbehälter vollkommen stätig, und parallel mit der Oberfläche des Wassers erhält.

Die übrigen Zeichnungen stellen verschiedene Arten von Hauptröhren zur Leitung des Gases vor, so wie die Methode, sie an einander zu befestigen.

Fig. 2. Ist der Längendurchschnitt einer Zapfen- und Aufsatz-Röhre. Diese Gattung von Röhren sind in den mehrsten Fällen zur Leitung des Gases brauchbar. A nennt man die Zapfenröhre. B die Aufsatzröhre. Sie werden an einander geschoben, und die Verbindung durch einen Eisen-Cement luftdicht gemacht, welcher folgendergestalt bereitet wird; 2 Unzen Salmiac, 1 Unze Schwefelblumen und 16 Unzen Feil- oder Bohrspäne von Gußeisen, werden in einem Mörser wohl zusammengerieben, und dieses Pulver trocken aufbewahrt.

Um diesen Kitt zu gebrauchen, werden ein Theil dieses Pulvers mit zwanzig Theilen reinen, nicht gerosteten Eisenfeil- oder Bohrspänen, auf das genaueste gemischt, und in einem Mörser gestampft. Die Mischung wird mit Wasser angefeuchtet, bis sie ein Brei von gehöriger Consistenz geworden ist, und alsdann mit einem hölzernen oder stumpfen eisernen Spatel, in die Fugen geschmiert. Durch das Spiel der Verwandtschaften, welches diejenigen, welche mit der Chemie vertraut sind, leicht einsehen werden, entsteht unter diesen Ingredienzien sowohl untereinander, als mit den Oberflächen der eisernen Röhren, eine Wirkung und Gegenwirkung, deren Resultat ist, daß sich das Ganze zu einer Masse vereinigt. Denn nach einiger Zeit wird diese Mixtur mit den Oberflächen der Röhren zu einer Art von Schwefelkies, (wiewohl mit einem überwiegenden Eisengehalt) dessen einzelne Bestandtheile sehr fest zusammenhängen. Das innere der Auffsatzröhre muß nicht weiter sein, als um genau auf den Zapfen zu passen. Schon dadurch werden die Röhren, auch ohne den Kitt, an einander befestiget, und sichert die Fuge vor Beschädigung durch äußere Gewalt. Gewöhnlich wird der Auffsatz 2½ Zoll lang gemacht, und der Zapfen 1½ Zoll tief darin eingelassen. Einige Handwerker pflegen für alle Röhren über 6 Zoll im Durchmesser, den äußeren Auffsatz, in welchen der Kitt gestrichen wird, 6 Zoll lang zu machen, und für Röhren von geringem Durchmesser, ihm grade die Länge des Durchmessers zu geben. Gewöhnlich macht man auch rings um den Zapfen einen 1 bis 1½ Zoll breiten Raum für den Kitt, damit er fest in die Fuge getrieben werden kann, welches nicht möglich ist, wenn dieser Raum zu schmal ist. Ist er dagegen zu weit, so wird der Kitt unnütz verschwendet, und die ungleichförmige Spannung kann der Verbindung nachtheilig werden, indem durch die große Ausdehnung des Zapfens, die Auffsatzröhre sowohl, als die Zapfenröhre platzen kann, welche Gefahr größer wird, wenn man den mit Kitt anzufüllenden Raum zwischen beiden zu weit macht.

Fig. 3. Stellt diese mit einander verbundenen Röhren im Profil dar.

Fig. 4. Ist ein Längendurchschnitt zweier Ansatzröhren, und die Art sie zu verbinden. A und B sind die

Röhren. C und D die Ansätze. Diese Art Röhren werden nicht auf einander, sondern blos aneinander geschoben, und luftdicht gemacht, indem man Kabelgarn, Hanf oder ähnliche Materien nebst Eisenkitt dazwischen legt, und sie durch Bolzen an einander schraubt, welche mit Schraubenmuttern versehen sind.

Fig. 5. Eine Profilzeichnung derselben mit einander verbundenen Röhren. A und B sind die Röhren. C und D die Ansätze. E und F die Bolzen.

Fig. 6. Zeigt die Art Aufsatzröhren zu verbinden, wenn sie unter einen Winkel zusammenstoßen. Diese Methode ist passend, wenn die Stelle, an welcher sie ihre Richtung ändern sollen, vorher untersucht ist, und die Röhren danach gegossen sind.

Fig. 7. Zeigt die Methode, Aufsatzröhren in einer kreisförmigen Biegung zusammen zu fügen. A und B bezeichnen die Verbindungsstellen.

Fig. 8. Ist ein Längendurchschnitt der Methode zwei Röhren zu verbinden, welche die Ringverbindung genannt wird. Die Fugen werden durch den schon beschriebenen Eisenkitt luftdicht gemacht. A ist der Ring oder schmale Cylinder mit vorspringenden Rändern, welcher die Röhren B und C vereiniget.

Fig. 9. Ist eine aus zwei halben Ringen bestehende Ringverbindung, welche in einigen Fällen vortheilhaft ist. Die beiden Hälften des Ringes werden in gewöhnlicher Art durch Bolzen zusammen geschroben.

Fig. 10. Ist ein Durchschnitt derselben Verbindungsart.

Fig. 11. Ist eine Profilzeichnung von der sogenannten Sattelverbindung. Sie wird angewendet, um eine Seitenröhre abzuleiten. Die Seitenröhre hat an ihrem Ende das Stück A B, welches die Röhre C, von welcher aus sie geleitet werden soll, von außen zur Hälfte umschließt, und mit dem Sattel, welcher deren andre Hälfte einschließt, verbunden ist. Die Verbindung wird wie gewöhnlich durch Kitt und eiserne Schraubenbolzen gesichert. Auf diese Weise kann überall eine Seitenröhre angebracht werden, wenn man in der anderen Röhre ein Loch ausschneidet, und die Seitenröhre darin einsetzt. Wenn von der ungleichen Ausdehnung der Röhren viel Gefahr zu besorgen ist, müssen die Verbindungen durch eine weiche Füllung von Hanf und Talg an gewissen Stellen gesichert werden, aber in den meisten Fällen sind die Verbindungen mit Eisenkitt vorzuziehen. Auch bedient man sich häufig des Bleies statt des Eisencements, weil dergleichen Verbindungen wohlfeiler und leichter zu repariren sind. Indeß macht die galvanische Einwirkung zwischen diesen Metallen die Verbindung bald leck, und durch die ungleiche Spannung des Eisens und Bleies, wird die Gefahr vermehrt.

Fig. 12. Ist ein Durchschnitt der Sattelverbindung.

Bevor man von neuen Röhren Gebrauch macht, sollte man ihre Festigkeit in der gewöhnlichen Art, durch Zusammenpressung von Wasser in denselben, untersuchen. Die Hauptröhren werden ganz fest eingelegt, so daß sie nirgends ausweichen können. Ihr Lauf muß gradlinigt sein, mit einer Neigung von etwa 1 Zoll auf 9 bis 10 Fuß, damit das Condensationswasser, welches das Gas bei einer Veränderung der Temperatur abzusetzen pflegt, sich in dem niedrigsten Theile derselben sammeln kann.

Fig. 13. Ist ein Behälter zur Sammlung des in den Röhren sich sammelnden Condensationswassers. Er besteht in einem Behältniß A zur Aufnahme desselben, und einer daraus hervorgehenden, oben verschlossenen Röhre B, durch welches das Wasser mittelst einer Spritze oder Hebers herausgehoben werden kann. Dieses Behältniß ist da anzubringen, wo 2 Röhren sich gegen einander neigen.

Taf. VII. Giebt einen perpendiculären Durchschnitt

eines Gaslichtsapparats von der größten Art um ganze Städte, oder ganze Districte von Straßen und Häusern zu erleuchten.

Fig. 1. Der Retortenofen. Die Retorten werden über einander in einer oder mehreren Reihen angebracht, so daß sie durch mehrere Heerde geheitzt werden können. a a sind 2 Retorten horizontal über einander gelegt. b ist das Feuerungsloch. c der Zug, welcher angebracht ist, damit das Feuer rings um die Retorten spielt, um sie überall gleichförmig zu heitzen. d die obere Oeffnung des Zuges, durch welche das Feuer in den Rauchfang geht. e die Aschengrube. f ein Abschlag gegenüber dem Heitzungsloche, in welchen die Mündungen der Retorten hineinreichen. g g die Thüren dieses Abschlages, wodurch die Retorten geladen und entladen werden. h eine trichterförmige Röhre am Boden des Abschlags f, durch welche die aus der Retorte genommene rothglühende Coake in den gewölbten Keller i herabfällt. k die gekrümmte Heberröhre. l der horizontale Condensator *). Die Wirkung dieser beiden Röhren ist bereits pag. 115 erklärt. m die Hauptröhre, welche die wäßrigen Producte von dem Condensator in den Theerbehälter Fig. 3. führt, und eben so die gasartigen in den Kalkbehälter Fig. 2. Die punctirten Linien n n zeigen den Schlangenlauf, der zwischen der Röhre m und

*) Der Condensator ist hier so angebracht, daß er mit der Reihe oder den Reihen der Retorten einen rechten Winkel macht. Er ist am einen Ende mit einer perpendicular gestellten Scheibewand versehen, welche etwa halb so hoch ist, als der Durchmesser des Condensators. Durch diese Scheidewand wird verhindert, daß der darin sich sammelnde Theer die Heberröhren k k nicht versteckt, und nicht ehr in die Röhre m überfließt, als bis dieser Zweck erreicht ist.

dem Theerbehälter 3 im Innern der Cisterne des Gassammlers angebrachten Röhre, welche wie die Schlange in einer Branntweinbrennerei, die aus dem Condensator l ausströmenden wäßrigen Producte durch Abkühlung verdichtet. o bezeichnet die Stelle, wo die Schlange n n die Cisterne des Gassammlers wieder verläßt, und ihren Zusammenhang mit dem Kalkbehälter 2 und dem Theerbehälter 3. Dieser Kalkbehälter wirkt folgendergestalt. Wenn die wäßrigen Producte dnrch die Schlange n n in den Theerbehälter Fig. 3 abgesetzt sind, so werden die gasartigen Producte, welche zugleich übergehen, durch die von der Röhre o auslaufende Röhre p (in welche sie vermöge ihrer größeren Leichtigkeit aufsteigen) in den mit q bezeichneten inneren Kalkbehälter geführt, welcher aus einem unten offenen, und oben, wo er mit der Röhre p verbunden ist, verschlossenen Gefäße besteht. So wie sich nun das Gas in q anhäuft, wird es gezwungen, durch das darin befindliche Kalkwasser zu gehen, und durch, in die horizontalen Scheidewände r r r r angebrachte Oeffnungen, in das auswendige Gefäß s des Kalkbehälters zu treten, und von da wird es durch die Röhre t t t in den Waschapparat des Gassammlers Fig. 4 geführt. Die Construction dieses Apparats ist der des Kalkbehälters 2 sehr ähnlich, nehmlich: v ist eine Röhre, welche von dem Behälter u ausgeht, der sich 3 bis 4 Fuß über die Mündung dieser Röhre v erhebt. t t ist die mit einer Kappe w bedeckte Gasröhre, welche in ein kleines Gefäß mit horizontal durchbohrten Seitenwänden, wie das im Kalkbehälter, eingetaucht ist, welches Gefäß an der Kappe fest ist. Das in die Kappe w tretende Gas begegnet der aus der Röhre v einströmenden Wassermasse. Dadurch wird dasselbe, wenn es durch die Löcher der horizontalen Scheidewände fließt, noch einmahl gereiniget, und von den fremdartige Theilen, welche der Wirkung des Kalkbehälters entgangen sein möchten, befreit. y ist eine weite Röhre, deren untere Oeffnung in Wasser getaucht, und dadurch verschlossen ist. Sie dient das durch die Röhre v gelieferte Wasser, wenn das Gas durchgegangen ist, wieder abzuführen. Die Wirkung dieses Gasapparats ist also kürzlich folgende:

Die wäßrigen Producte, welche die Destillation aus den Kohlen entwickelt, gehen zuerst durch die Röhre k in den Hauptcondensator l. Diesen können sie nicht verlassen, als bis der darin gesammelte Theer eine gewisse Höhe erreicht hat, und dadurch die unteren Oeffnungen der Röhren k k in die wäßrige Flüssigkeit, welche der Condensator l enthält, eingetaucht, und dadurch hermetisch verschlossen werden.

Wenn nun die wäßrigen Producte diese Höhe im Condensator erreicht haben, fließen sie in die Röhre m, und demnächst durch die Röhren n n o in den Theerbehälter Fig. 3 über; während die gasartigen Producte durch die Seitenröhre p sich in den Kalkbehälter Fig. 2 ergießen. Aus diesen strömt das Gas durch die Röhre t t t in den auf einen Untersatz in der Cisterne des Gassammlers angebrachten Nebenwaschapparat, wo es zum zweitenmahl der Wirkung eines Stromes von frischem Wasser ausgesetzt wird. Aus diesem Gefäße steigt es in den Gasbehälter. Der Gasbehälter ist mit einer oben verschlossenen, unten offenen, in einer seiner Ecken angebrachten Röhre A versehen. Diese schließt eine andre Röhre B in sich, welche mit der zu den Brennmündungen führenden Hauptröhre verbunden ist. Die Röhre A, welche die Röhre B umschließt, ist an dem Ende durchlöchert; durch diese Löcher dringt das Gas aus den Gasbehälter hinein, und demnächst in die Röhre B und weiter zu den Brennmündungen. C C ist eine am Gasbehälter angebrachte Sicherheitsröhre. Ihre untere Oeffnung ist so lange durch das Wasser in der Cisterne gesperrt, als der Gasbehälter nicht mit Gas überladen ist. Sobald man aber in den Gasbehälter mehr Gas hineinzwingt, als er zu fassen vermag, so wird der Ueberschuß in die trichterförmige, über das Dach hinausreichende Röhre D abgeführt, und geht von da in die freie Luft.

Das cylindrische Gefäß F in dem Theerbehälter Fig. 3, welches die Oeffnung der Röhre o umgiebt, hat den Zweck, diese Röhre beständig in eine Portion Theer eingetaucht zu erhalten, so daß der Behälter von seinem Inhalt geleert werden kann, ohne daß die Luft in irgend einem Theil des Gasapparats Zutritt erhält. Oben hat der Theerbehälter ein kleines Loch, damit die Luft beim Einfließen des Theers und der ammoniacalischen Flüssigkeit entweichen kann.

Der Hauptcondensator l ist nach Ausweis der Zeichnung höher gestellt, als das Wasser in der Cisterne des Gassammlers, damit die Destillationsproducte ungehindert herab steigen können, wenn sie von diesem Gefäße weiter in die Röhren m n o einströmen. Die Cisterne des Gasbehälters sowohl, als der Kalk- und Theerbehälter sind von gegossenen Eisenplatten gemacht, welche vernietet, und durch Eisenkitt luftdicht gemacht sind. Der Gasbehälter dagegen besteht aus zusammengenieteten Eisenblechplatten. E E sind zwei eiserne Stützen, und G G sind Frictionsrollen.

Methode den verhältnißmäßigen Druck des Gasbehälters dergestalt zu reguliren, daß das darin enthaltene Gas beständig von einer gleichen Dichtigkeit sei *).

Wir haben schon erwähnt, daß der Druck des Gases in dem Gasbehälter veränderlich ist, indem dessen Gewicht

---

*) Diese schöne Methode verdanken wir ebenfalls dem Herrn Clegg.

beständig zunimmt, je mehr er sich mit Gas füllt, und aus dem Wasser erhebt. Siehe pag. 60 und 114. Um diesen Druck gleichförmig zu machen, wird zuerst das absolute Gewicht des in Wasser getauchten Theils des Gasbehälters ausgemittelt, und durch die bekannte specifische Schwere der Masse, aus der es gemacht ist, dividirt. Wenn dieses geschehen ist, macht man einen Theil der Kette, (von der Axe der Räder über welche sie zum Gasbehälter herabläuft, rechtwinklich gemessen) welcher aber so lang als der eingetauchte Theil des Gasbehälters ist, an Gewicht ebenfalls die specifischen Schwere der Gasbehältersubstanz gleich.

Als Beispiel wollen wir annehmen: der eingetauchte Theil des Gasbehälters wöge 861 Pfund, und er sei aus Eisenblech gemacht, dessen mittlere specifische Dichtigkeit = 7 ist; also $\frac{861}{7} = 123$. Nun ist offenbar, daß, um ein Gleichgewicht zu erhalten, der Theil der Kette von der Axe des Rades abwärts gemessen, welcher so lang als der eingetauchte Theil des Gasbehälters ist, ein Gewicht von 123 Pfunden tragen, oder selbst dieses Gewicht haben muß, indem dieses das Gewicht des Wassers ist, welches der Gasbehälter aus seiner Stelle verdrängt.

Sollte z. B. der Gasbehälter aus Kupferblech bestehen, dessen specifisches Gewicht, mit Weglassung der Brüche, 8 ist, und das absolute Gewicht des Gasbehälters 1792 Pfund sein, so würde der vorbezeichnete Theil der Kette $\frac{1792}{8} = 224$ Pfund wiegen müssen, so wie das Wasser, welches der Gasbehälter verdrängt. Sobald dieser Umstand regulirt ist, kann man leicht durch geringe Vermehrung oder Verminderung des absoluten Gasbehälter-Gewichtes, oder des Balancir-Gewichts, jeden verlangten gleichförmigen Druck hervorbringen, und so dem Gas eine gleichförmige specifische Dichtigkeit geben.

Instruction für die bei dem Gaslichtapparat angestellten Arbeiter *).

Eine vorzügliche Sorgfalt ist nöthig, die Retorten luftdicht zu verlutiren, welches auf folgende Art bewerkstelliget wird. Man siebe, trockne und pulverisire etwas gewöhnlichen Thon, und mache davon mit Wasser einen Brei von Syrops Consistenz. Man reinige den Deckel der Retorte, und ihre Mündung, streiche diesen Brei dünn über den inwendigen Theil des Deckels, drücke ihn dann sorgfältig in die Mündung, und befestige ihn mäßig durch den eisernen Keil. Nach dieser Vorschrift wird die Verbindung immer tüchtig werden. Wird aber dabei sorglos verfahren, das alte Lutum nicht sorgfältig abgeschabt u. s. w., wird dadurch ein schlechter Schluß hervorgebracht, so wird eine bedeutende Menge Gas verloren gehn, und ein sehr unangenehmer Geruch und Rauch entstehen.

Die Brücke oder Reihe von Ziegeln, welche die die Retorten umspielenden Züge bilden, müssen nie heißer als glänzend roth glühend sein, welches durch die Thür der Aschengrube regulirt werden kann, die man nur zumachen darf, wenn die Hitze zu stark wird. Wird dieses verabsäumt, und läßt man diese Ziegeln bis zum Weißglühen kommen, so werden die Retorten bald zerstört, und ein schlechtes Gas erzeugt werden.

Es muß wenigstens wöchentlich einmahl untersucht werden, ob der Gasbehälter Risse oder Sprünge hat, und leck ist, und zwar folgendergestalt: man schließe den Haupthahn, und bezeichne alsdann den Gasbehälter, wenn er ganz oder beinahe voll Gas ist, da wo er in das Wasser taucht, mit einem Strich; da nun hierdurch die Communication

*) Von der gedruckten Instruction copirt, welche Herr Clegg für diese Arbeiter aufgesetzt hat.

cation mit der Retorte abgeschnitten wird, so ist es ein Zeichen, daß der Gasbehälter leckt, wenn dieser Strich unter Wasser sinkt. Die Stelle wird man durch den Geruch entdecken, wenn man langsam um den Gasbehälter herumgeht. Man halte ein brennendes Licht daran, und wenn Gas ausströmt, wird es Feuer fangen, und vielleicht eine kleine blaue Flamme entstehen. Diese blase man aus, bezeichne den Fleck, und fahre so fort, bis man alle Ritzen entdeckt hat. Bemerkt man einen Geruch, ohne an der verdächtigen Stelle eine Flamme hervorbringen zu können, so lege man ein wenig Bleiweis an diesen Ort, welches, wenn Gas ausgeht, augenblicklich braun gefärbt werden wird. Dann tauche man kleine Stückchen Tuch, ohngefähr von der Größe eines Schillings (etwa ein preußisches Achtgroschenstück) in geschmolzenes, durch Zusatz von etwas Bienenwachs und Theer flüssiger gemachtes Pech, drücke sie mit den Fingern, während es noch heiß ist, an die bezeichnete Stelle, und reibe sie bis zur völligen Abkühlung. Wenn man mit den Seitenwänden fertig ist, verfahre man mit dem Deckel eben so. Wenn der Gasbehälter etwa 2 Fuß hoch in der Cisterne steht, wird man am besten dazu kommen können.

Das Wasser in der Cisterne sollte immer in einer Höhe erhalten werden, daß es 3 bis 4 Zoll vom Deckel absteht. Denn läßt man es tiefer fallen, ohne nachzufüllen, so strömt das Gas nicht durch die erforderliche Wassermenge, und es werden sich zum großen Nachtheil öligte Theile in den Röhren sammeln.

An dem erleuchteten Ort selbst ist weiter keine Vorsicht nöthig, als daß man unter keinem Vorwande anderen Personen, als den angestellten Arbeitern, die Berührung der Gaslampen und Röhren verstattet. Wenn eine Lampe nicht erforderlich ist, so muß ihre Gemeinschaft mit der Leitungsröhre durch Schließung des Hahns völlig abgeschnitten, und dieser nicht eher wieder geöffnet werden, als wenn man eine Flamme darüber hält. Brennendes Papier ist dazu besser als ein Talglicht, weil das Talg in die Lampe abtropfen könnte.

Kosten eines in London zu errichtenden Gaslicht-Apparats, welcher so viel Erleuchtung gewähren kann, als 40000 Pfund Talglichte, 6 auf das Pfund, eine Stunde lang.

	Pfund.	Schil.
Ein Gasbehälter für 10000 Cubikfuß Gas	236	=
Die Kettenräder und Balancirgewichte nebst hölzernem Gerüst	160	11
Die eiserne Cisterne zum Gasbehälter 36′ breit 24′ lang und 16′ tief . . (Würde etwa 16 Tonnen wiegen.)	500	=
Ein hölzernes Umfassungsgerüst zur Sicherung derselben	150	=
Der Condensator, Theerbehälter und die nöthigen Röhren	126	=
Der Kalkbehälter von Gußeisen . .	82	=
Das Haus zur Aufstellung des Gassammlers von hölzernem Balkenwerk mit Wetterdach	250	=
24 eiserne Retorten nebst dem Ofen von Mauersteinen alles vollständig . .	336	=
Unbestimmte kleine Ausgaben . . .	100	=
Summa	1940	11

Ein vollständiger Apparat, der in 24 Stunden eben so viel Licht hervorbringen könnte, als 1400 Argandsche Lampen 5 Stunden hindurch geben, deren jede an Intensität des Lichts 6 Talglichten, 6 auf das Pfund, gleich kömmt, würde in der Hauptstadt 3500 Pfund *) kosten.

Londner Preis-Courant von den wesentlichsten Artikeln zur Einrichtung eines Gaslichtapparats.

NB. Alle vollkommen gearbeitet und von der besten Beschaffenheit.

Bronzirte Röhren von Eisenblech

Von	Zoll Durchmesser	Fuß	Schil.	Pen.
$\frac{1}{4}$	Zoll Durchmesser	1 Fuß	„	4
$\frac{3}{8}$	dito	dito	„	4
$\frac{1}{2}$	dito	dito	„	5
$\frac{5}{8}$	dito	dito	„	6
$\frac{3}{4}$	dito	dito	„	$6\frac{1}{2}$
$\frac{7}{8}$	dito	dito	„	7
1	dito	dito	„	$7\frac{1}{2}$
$1\frac{1}{8}$	dito	dito	„	$8\frac{1}{2}$
$1\frac{1}{4}$	dito	dito	„	9
$1\frac{1}{2}$	dito	dito	„	$10\frac{1}{2}$
$1\frac{3}{4}$	dito	dito	„	11
2	dito	dito	1	$1\frac{1}{2}$
$2\frac{1}{4}$	dito	dito	1	4
$2\frac{1}{2}$	dito	dito	1	5
3	dito	dito	1	$6\frac{1}{2}$

hat man von 15 bis 18 Fuß lang.

	Schil.	Pen.
Bronzirte kupferne Röhren zu $\frac{1}{4}$ Zoll Durchmesser per Fuß	„	4

---

*) Es ist bekannt, daß ein Pfund Sterling gegen die Münzen andrer Länder keinen bestimmten Werth hat, sondern nach dem Cours berechnet werden muß. Vor kurzem galt der Preuß. Friedrichsd'or in London 18 Schillinge, und in Berlin 5 Thaler 9 Groschen Preuß. Courant; also das Pfund Sterling in Preuß Silbercourant 5 Thl. 23 Gr. 4 Pf. Ein Schilling ist $\frac{1}{20}$ Pfund Sterling, also nach obigem Cours 7 Gr. 2 Pf., und 1 Pence $\frac{1}{12}$ Schilling, also nach obigem Cours $7\frac{1}{6}$ Pfennig. A. d. U.

	Pfund.	Schil.	Pen.
Bronzirte kupferne Röhren zu $\frac{1}{8}$ Zoll Durchmesser per Fuß	=	=	$5\frac{1}{2}$
Vielstrahlige Brennmündungen nebst Hahn	=	2	6
bis	=	3	6
Argandsche Brennmündungen nebst Glasröhren 3 Schil. bis	=	4	6
7 Centner wiegende Retorten von Gußeisen à 15 Schil. 6 Pen. per Centner .	5	8	6
Ein Mundstück dazu vollständig . .	1	14	8
Thüren von Gußeisen zum Retortenofen	1	=	=
Stangen zum Ofen per Centner . .	=	10	=
Eisenblech zum Gasbehälter (No. 23) per Cent.	1	4	=
Ketten zum Gasbehälter per Pfund .	=	=	5
Balancirgewichte dazu per Tonne .	9	10	=
Gußeisenplatten zu den Behältern.			
Die kleinsten zum Kalkbehälter per Tonne	=	18	=
Mittlere zur Theercisterne dito . .	=	16	=
Größte zur Cisterne des Gassammlers dito	=	14	=
Röhren von Gußeisen.			
2" Durchmesser und 6' lang, per yard (3')	=	5	=
3" dito dito dito .	=	6	=
4" — 9 — .	=	8	6
5" — dito — .	=	10	=
6" — — — .	=	12	=
7" — — — .	=	13	6
8", 9", 10", 11" } à 9' lang, per Tonne . . .	11	5	=
$\frac{1}{2}$ zöllige Bolzen, Schrauben und Ringe um Röhren zusammen zu setzen per Pfund	=	=	7
$\frac{2}{3}$ zöllige dito	=	=	7
$\frac{3}{4}$ zöllige —	=	=	6
Englisch Stangeneisen per Tonne .	=	13	=
dito beste Sorte dito	=	18	=

B
B
B
B
B
C

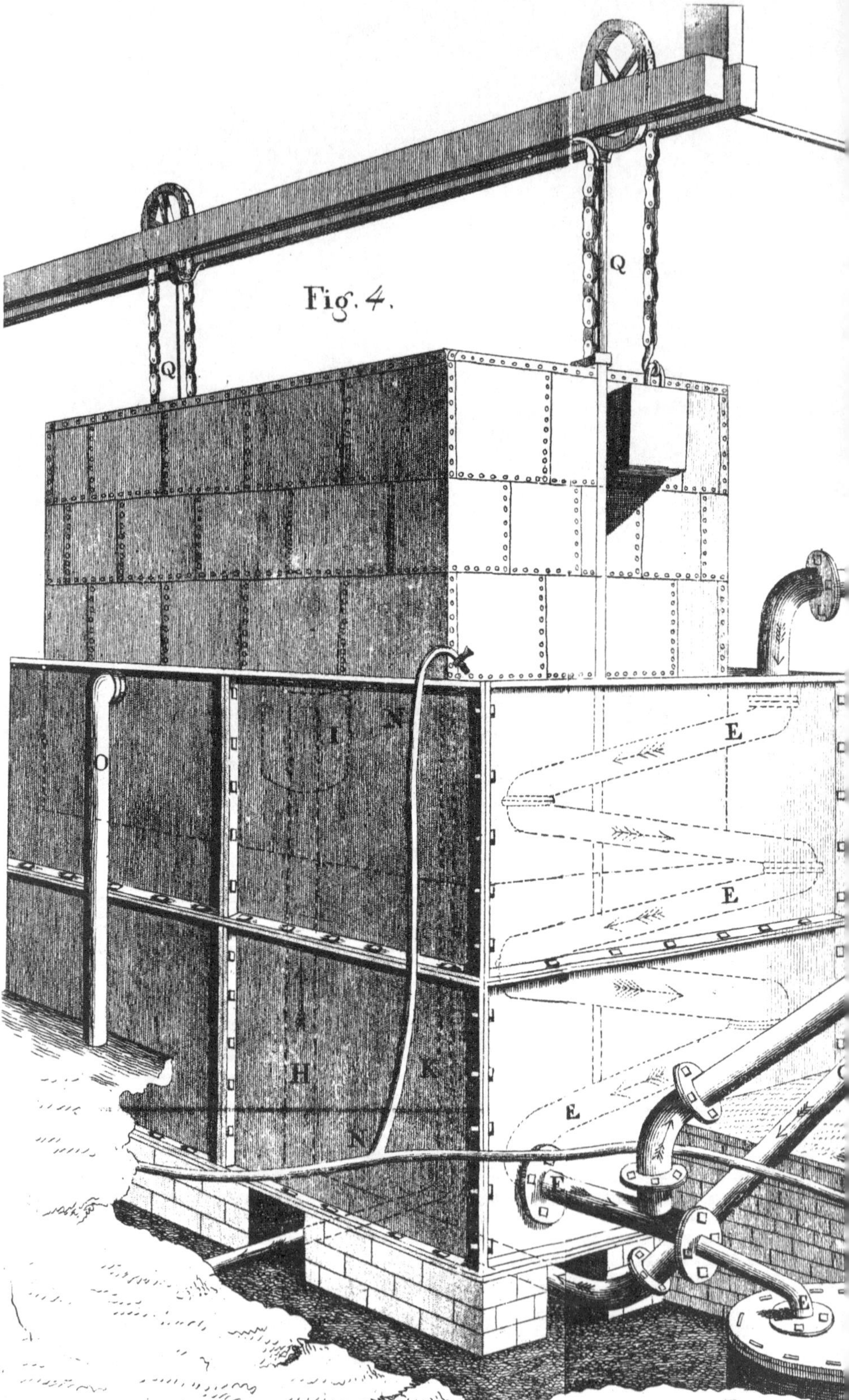

Fig. 4.

Fig. 2.

Pl. I.

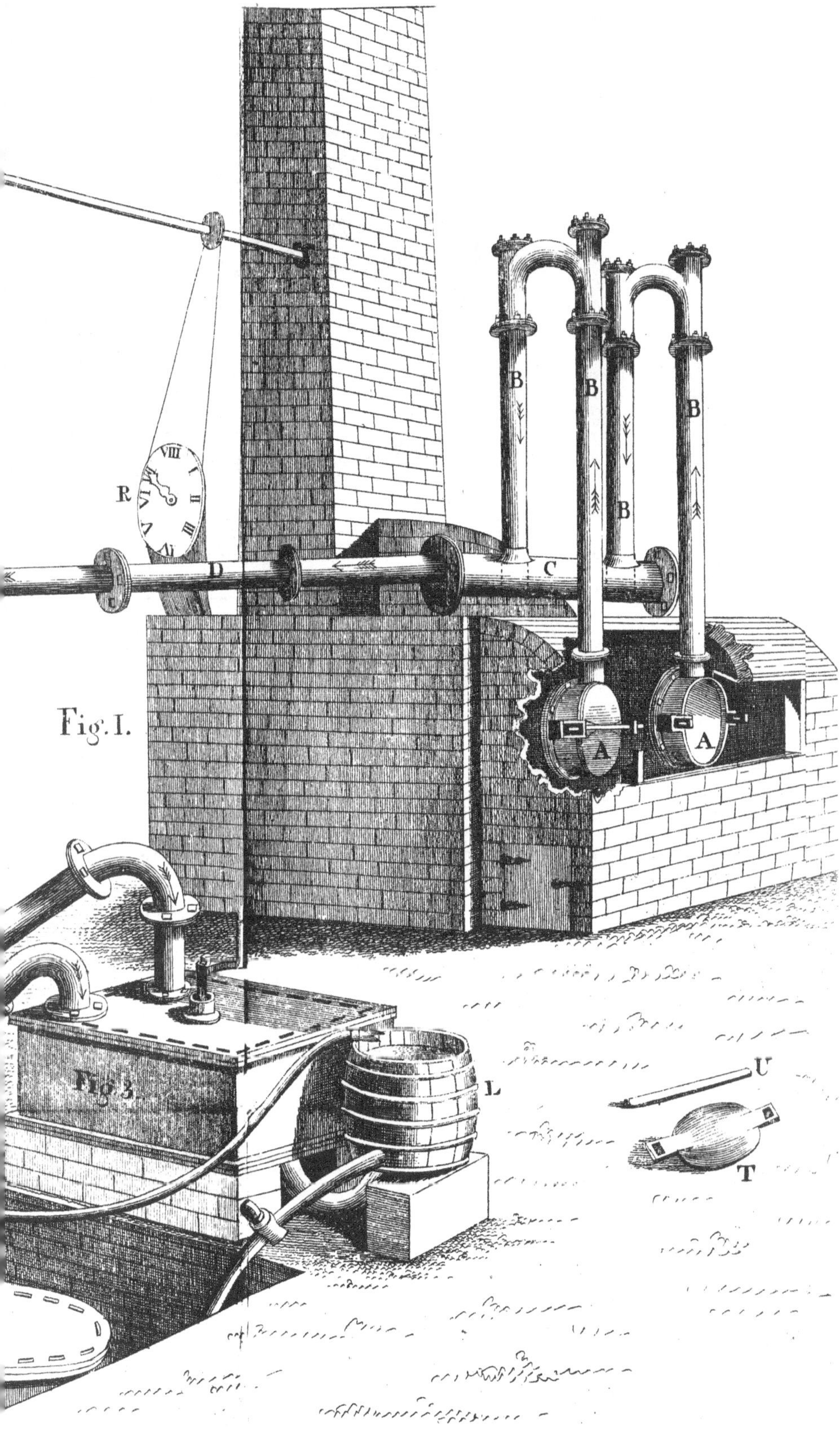

Pl. II.

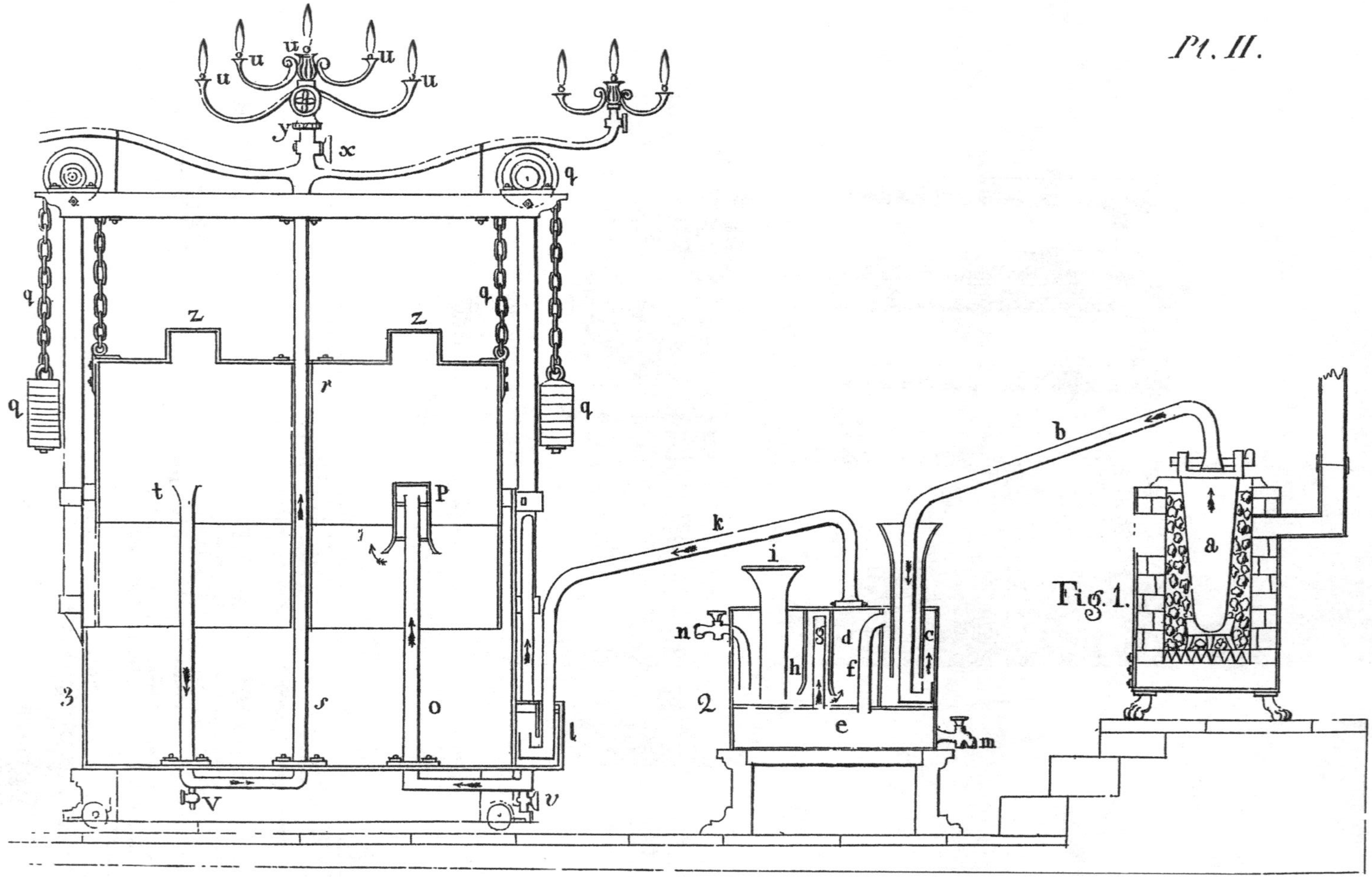

Fig. 1.

Pl. III.

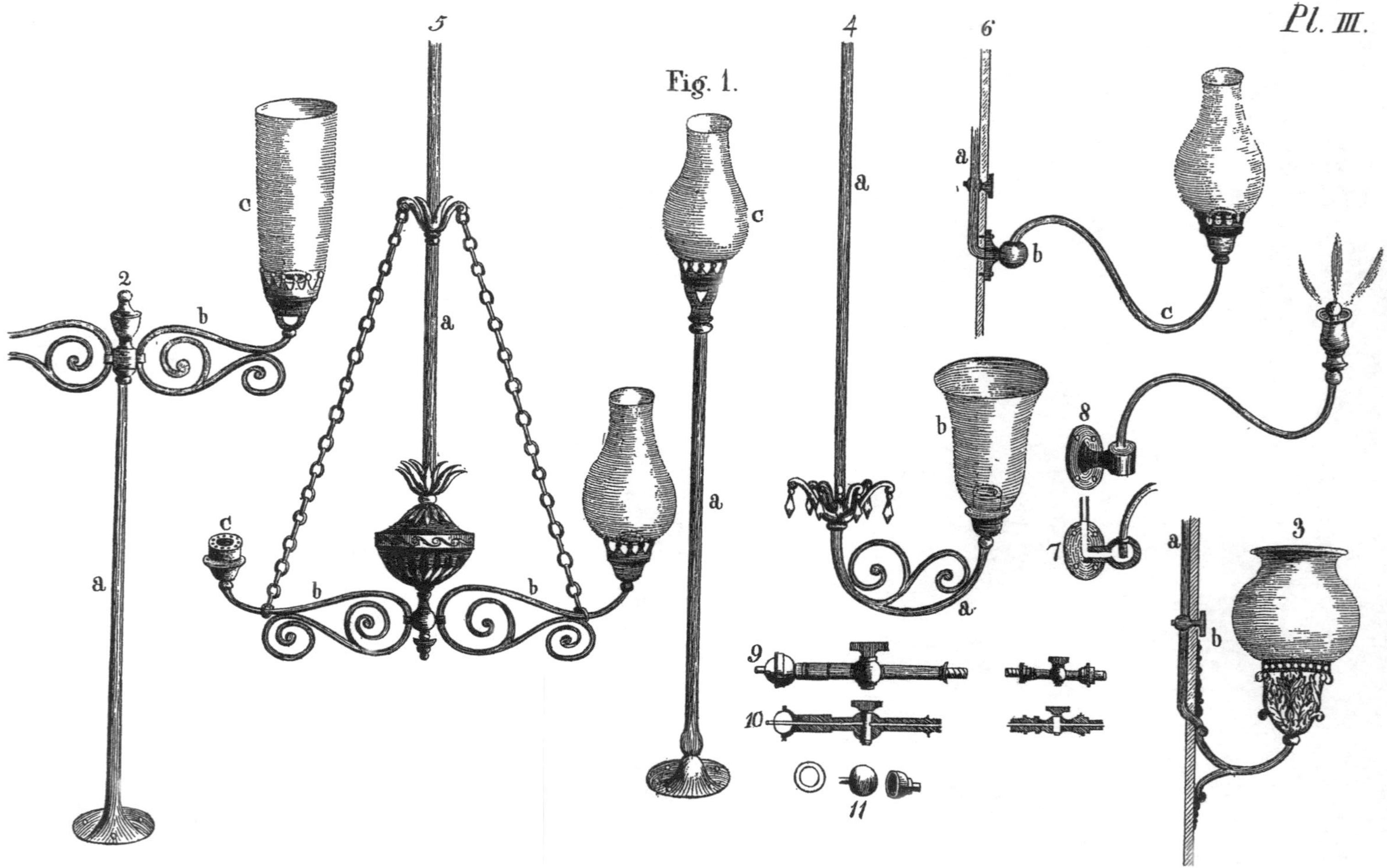

Pl IV

Fig. 1.
2
a
b
b
c
c
3
a
b
c
c
4
a
5
b
b
a
6
a
a
7
b
b
8

Pl: VI.

Fig. I.

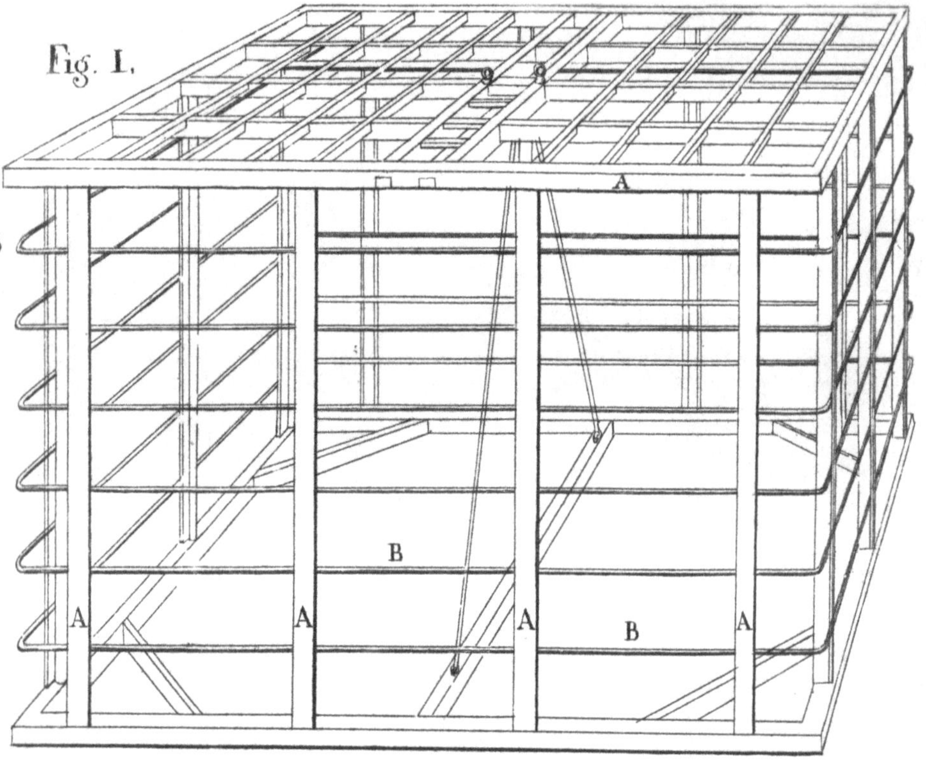

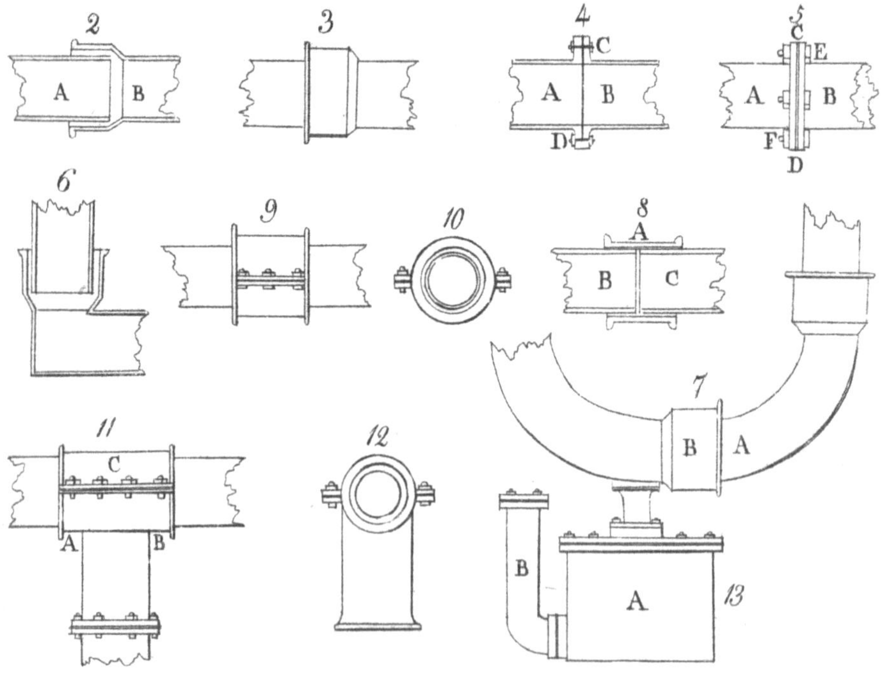

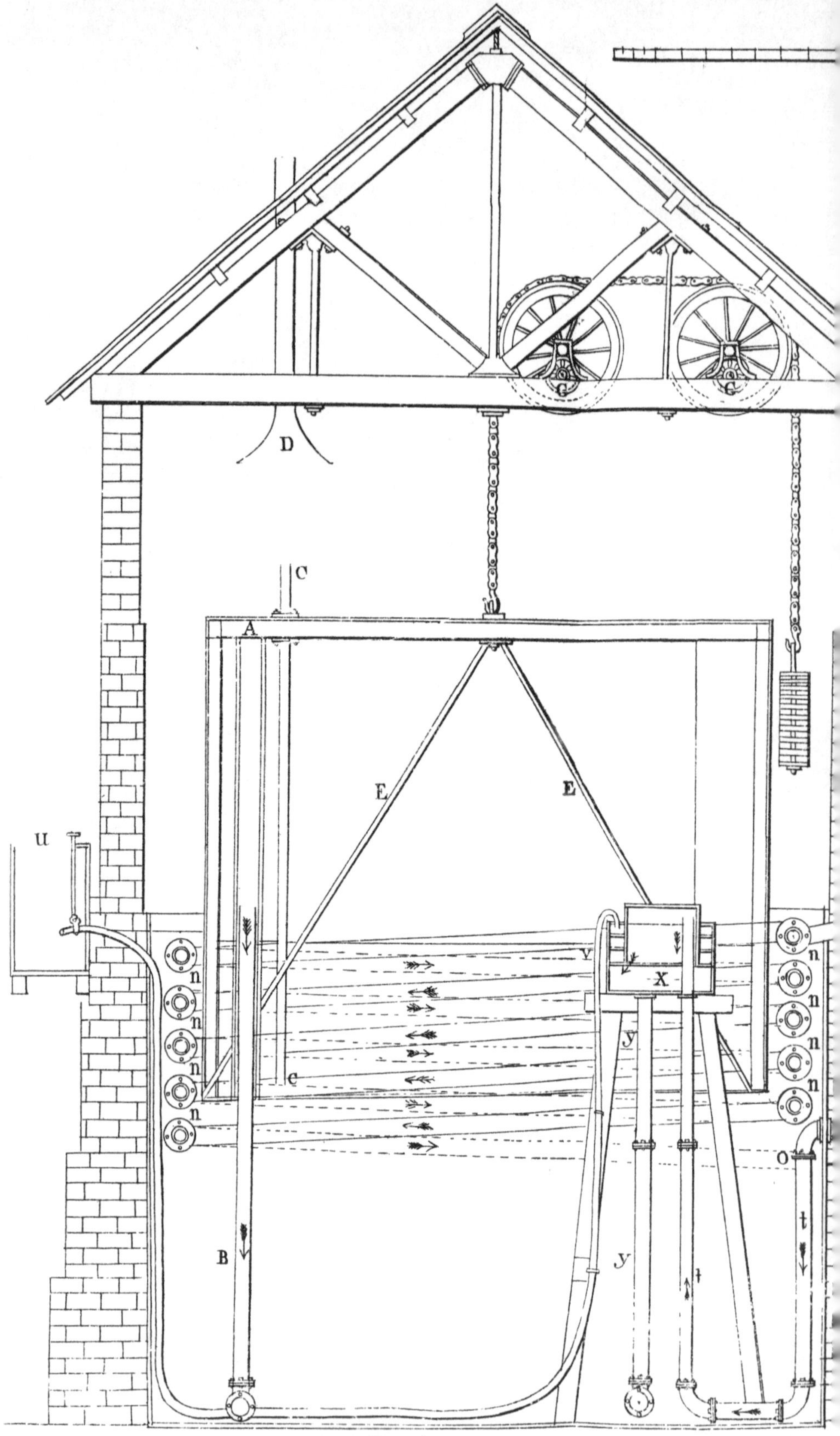

Fig 4

Pl. VII.

Füsse

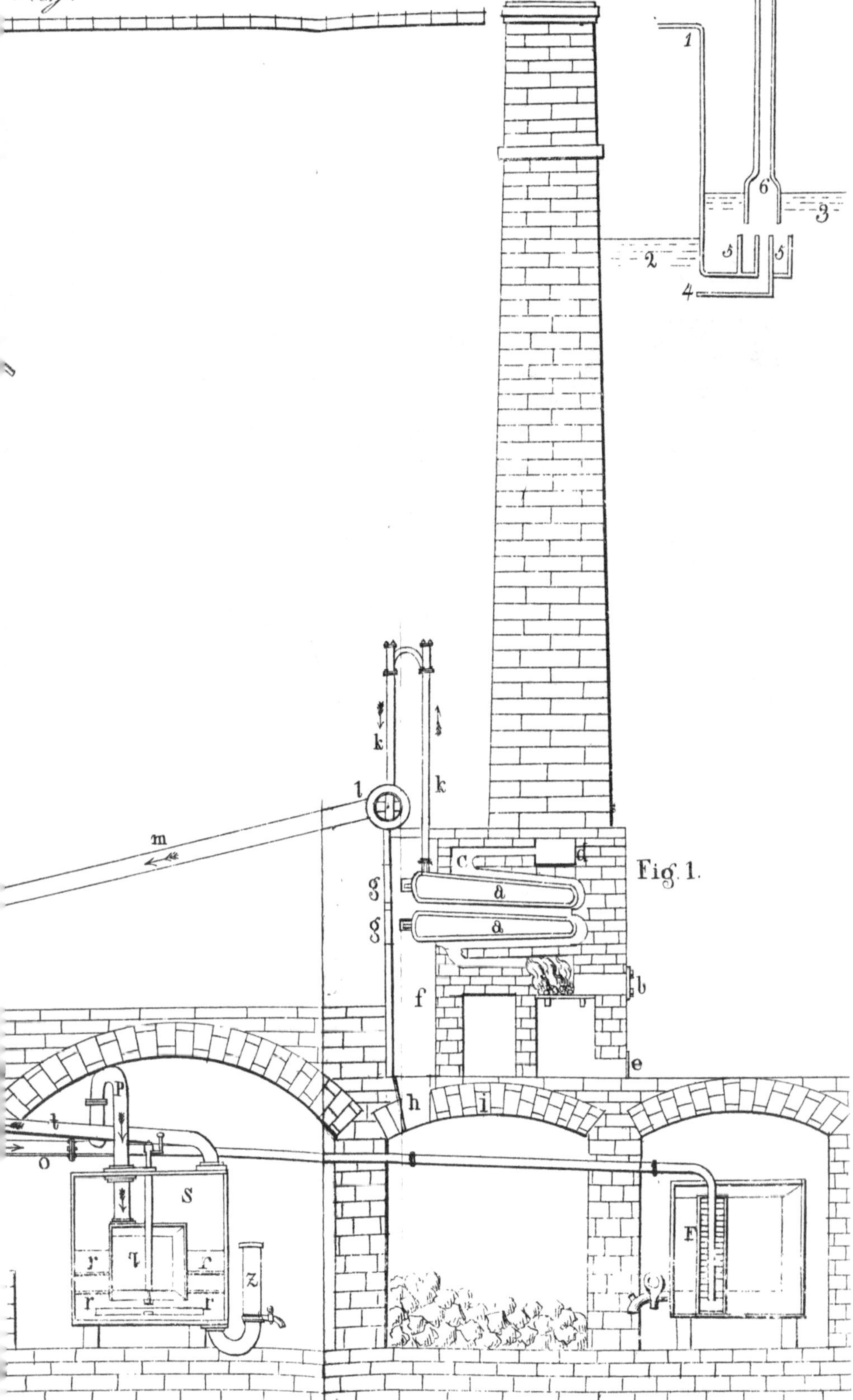

Fig. 1.

Fig. 2.

Fig. 3.

Fig. 3. Pl. VIII.

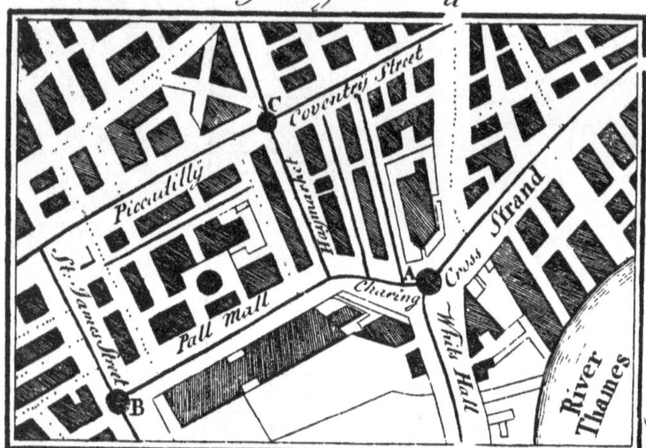

Fig. 2.

Fig. 1.

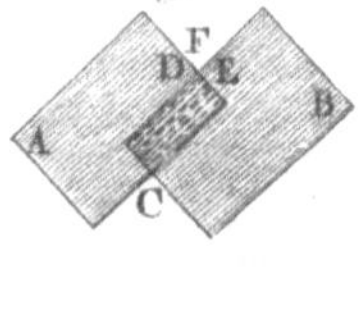

FSC
www.fsc.org
MIX
Papier | Fördert
gute Waldnutzung
FSC® C003411

Zeitfracht Medien GmbH
Ferdinand-Jühlke-Straße 7
99095 Erfurt, Deutschland
produktsicherheit@kolibri360.de